―持続可能な社会実現のための―

生態系に学ぶ！

地球温暖化対策技術

下平　利和／著

ほおずき書籍

はじめに

　地球が誕生してからおよそ46億年。最初の生命体である微生物が誕生して35〜40億年。それ以来、数多くの生命体によって現在の生態系が形成されてきた。そして、この生態系の働き（食物連鎖、物質循環、浄化・再生機能など）によって、地球上のきれいな空気と、おいしい水と、多様な生物が生息するごみのない美しい地球環境が作り出され維持されてきた。しかし、近年の急激な人口増加と大量生産（化石燃料など大量採取）・大量消費・大量廃棄型の人間の社会・経済活動によって、さまざまな物質が大量に排出され、その結果、生態系の働き（エコシステム）が対応できず、地球温暖化やオゾン層破壊、環境汚染（大気・水質・海洋・土壌）、生物種の絶滅など、地球環境に悪影響を与えている。なかでも温暖化は顕著であり、20世紀半ば以降から短期間のうちに地球規模で気温が上昇し、現在の地球は過去1,400年で最も高くなり、私たちが経験したことのない地球環境に変わりつつある（気象庁「地球温暖化に関する知識」2017）。さらに、気温上昇による凍土の融解や土壌中有機物の分解促進、山火事による森林破壊、異常気象による水不足（砂漠化）や水害など地球生態系がなお一層破壊される悪循環によって温暖化の加速化も考えられる。地球温暖化問題は大変深刻である。われわれ人間の今後の行動如何に人類のみならず多くの生物の存亡が懸かっていると言っても過言ではない。

　このような事態を招いてしまったわれわれ人間は、多様な生物が今後持続的に生きていくためにどのようにしたらよいか、現在地球上に存在する再生可能なエネルギーや物質などを最大限に活用して、方策・方法を早急に見つけ出さねばならない。

　本書は、このような考えのもと、生態系の恵み（機能）である再生可能なエネルギーや物質などを活用する方法を地球生態系から学び、それを基調にして、「生態系に学ぶ！地球温暖化対策技術（緩和と適応）」としてとりまとめたものである。

☆　　　☆　　　☆　　　☆　　　☆　　　☆

本書は3章から構成されている。
1章　温暖化問題解決のカギ"地球生態系"を学ぶ！
　　　生態系とはなにか（食物連鎖、物質循環、機能・恵み、人類生存の基盤）、環境問題とはなにか（生態系の不健全化）、温暖化は地球生態系の乱れ、それではどうしたらよいのか、地球生態系の保全対策などを学ぶ。
2章　地球温暖化対策と技術
　　　温暖化対策と技術の動向と方法及び課題をとりあげ、課題解決のためには生態系を基調にして、生態系の環境保全（浄化）・再生機能などを活用した温暖化対策技術（緩和・適応）が重要であることを学ぶ。
3章　生態系に学ぶ！　地球温暖化対策技術
　　　　―生態系の機能（恵み）を活用した対策技術―
　　　生態系の機能（恵み）を活用した温暖化対策技術（緩和・適応）、及び対策を実施するにあたっての留意点を紹介している。

　地球温暖化は、平均的な気温の上昇のみならず、海水温の上昇による氷河・氷床の縮小や海面水位の上昇のほか、異常高温（熱波）や局地的大雨・干ばつ・台風の増加・増強（降雨パターンの変化）などのさまざまな気候変動もともなう。その影響は、自然環境や人間社会にまで幅広く及び、水、生態系、食糧、沿岸域、健康などの分野ではより深刻な影響が生じることが懸念される。早急に、将来の地球環境を見据えて効果的な対策を講じなければならない。本書が、地球温暖化対策（緩和・適応）のお役に立ち、持続可能な社会を実現するための一助になれば幸いである。
　　　　―地球生態系との融和（自然との共生）を目指して―
　　　　　　　　　　　　　　　　　　　　　　　2018年12月　下平　利和

生態系に学ぶ！地球温暖化対策技術（緩和と適応）　●目　次●

はじめに

1章　温暖化問題解決のカギ"地球生態系"を学ぶ！ ……………… 1
1.1　生態系とは ……………………………………………………… 3
1. 生態系ってなに？…生態系とは ……………………………………… 3
2. 生態系は、物質循環によって成り立つ（自然のリサイクル）……… 5
3. さまざまな生態系が集まって、地球生態系を形成 ………………… 7
4. 地球生態系は人類生存の基盤 ………………………………………… 11
5. 生態系（エコシステム）の機能…生態系からの恵み ……………… 13
6. 環境問題は、生態系の乱れ…不健全化 ……………………………… 15
7. それでは、どうしたらよいのか？
　―環境問題解決のための「生態系の保全対策」― ………………… 17

1.2　地球生態系と温暖化 …………………………………………… 20
1. 地球生態系とは ………………………………………………………… 20
2. 地球生態系の物質循環と環境保全機能 ……………………………… 22
3. 地球生態系の機能（恵み）…………………………………………… 28
4. 地球温暖化とは ………………………………………………………… 32
5. 温暖化は、地球生態系の乱れ…不健全化 …………………………… 42
6. それでは、どうしたらよいのか？
　―温暖化問題解決のための「地球生態系の保全対策」― ………… 44

2章　地球温暖化対策と技術 …… 51
　① 温暖化対策の動向及び方法 …… 52
　② 温暖化対策技術と課題 …… 64
　③ 持続可能な社会実現のための温暖化対策技術（緩和・適応）
　　―"生態系に学ぶ"重要性― …… 70

3章　生態系に学ぶ！　地球温暖化対策技術
　　―生態系の機能（恵み）を活用した対策技術― …… 73
3.1　生態系の機能（恵み）を活用した緩和技術 …… 75
　① 自然エネルギー（再生可能エネルギー）の利用 …… 77
　② バイオマス資源の活用 …… 99
　③ バイオマスによる CO_2 の吸収・固定 …… 116
　④ その他温室効果ガスの緩和技術 …… 132
3.2　生態系の機能（恵み）を活用した適応技術 …… 142
　① 「水環境分野」の適応技術
　　―水域生態系の水質浄化機能の活用― …… 146
　② 「自然災害分野」の適応技術（水害及び土砂災害の防止技術）
　　―森林生態系の水源涵養機能及び国土保全機能の活用― …… 152
　③ 「国民生活分野」の適応技術（ヒートアイランド対策技術）
　　―植物の空気調和（浄化）機能の活用― …… 161
3.3　地球温暖化対策を実施するにあたっての留意点
　　―原点(生態系)に戻って考え、それを基調に地球環境の保全― …… 170
　① 事前調査及び目的・目標、手法などの設定 …… 171
　② 適切な維持管理の徹底 …… 176
　③ 事後調査及びその結果に応じた対策 …… 178

付録資料（筆者の温暖化対策関連技術） …… 183
　【出願特許（2000）】
　① 発酵法によるバイオマス資源のエネルギー・資源化技術 …… 183

● 環境ミニセミナー ●

- 生態系ピラミッドについて ……………………………………… 10
- エネルギー資源・鉱物資源の残余年数 ………………………… 30
- 気候変動のメカニズムと脅威 …………………………………… 38
- マイクロプラスチック汚染とは…、
  　生態系への影響、その対策 …………………………………… 47
- IPCCとは ………………………………………………………… 55
- 省エネ対策　熱の3Rの推進 …………………………………… 63
- 太陽熱を利用した空調システム「パッシブソーラーシステム」…… 94
- ヒートポンプとは ………………………………………………… 97
- バイオマスエネルギーはクリーンなエネルギーです ………… 103
- 燃料電池とは ……………………………………………………… 108
- 森林生態系のCO_2吸収・固定量の"見える化" ……………… 118
- 砂漠化とは…、その原因と影響は… …………………………… 124
- 海洋の酸性化とは…、その影響と対策は… …………………… 128
- ビオトープによる修復・復元 …………………………………… 151
- ヒートアイランド現象とは ……………………………………… 162
- 生態系に関する環境影響評価 …………………………………… 173

【技術提案（2009）】
2　発酵法によるバイオマス系廃棄物の減量化・固体燃料化・堆肥化 ………… 188

【政策提言（2010）】
3　地域分散型「次世代廃棄物処理システム」の構築 ……………………… 191

【政策提言（2012）】
4　地域分散型再生可能エネルギーシステムの構築
　（スマートグリッド日本版）………………………………………………… 197

参考文献
- 1〜3章 ·· 203
- 環境ミニセミナー ·· 207

あとがき

1章

温暖化問題解決のカギ
"地球生態系"を学ぶ！

　地球上のきれいな空気と、おいしい水と、多様な生物が生息するごみのない美しい地球環境は、生態系の働き（食物連鎖、物質循環、浄化・再生機能など）によって作り出され、適度にバランスが保たれて維持されてきた。しかし、近年の急激な人口増加と大量生産（化石燃料など大量採取）・大量消費・大量廃棄型の人間の社会・経済活動によってさまざまな物質が大量に排出され、その結果、この生態系の働き（エコシステム）が対応できず、地球温暖化やオゾン層破壊、環境汚染（大気・水質・海洋・土壌）、生物種の絶滅など、地球環境に悪影響を与えている。さらに、環境への悪影響は、生態系がなお一層破壊される悪循環によって加速化することが考えられる。地球環境問題は大変深刻であり、われわれ人間の今後の行動如何に人類存亡が懸かっていると言っても過言ではない。豊かで持続可能な社会を実現するため、今こそ、原点［人類生存の基盤］である生態系に戻って地球環境問題を考え、それを基調に生態系の保全対策を強く推進することが重要である。

　本章の「1.1　生態系とは」では、1生態系とはなにか、2生態系は物質循環で成り立つ、3さまざまな生態系が集まって地球生態系を形成、4地球生態系は人類生存の基盤、5生態系の機能（恵み）、6環境問題は生態系の乱れ（不健全化）、7それでは、どうしたらよいのか？…環境問題解決のための「生態系の保全

対策」をとりあげ、自然の叡智"生態系"のすばらしさと、環境問題解決のためには健全な生態系を確保することが重要であることを学ぶ。

さらに本章の「1.2　地球生態系と温暖化」では、1地球生態系とは、2地球生態系の物質循環と環境保全機能、3地球生態系の機能(恵み)、4地球温暖化とは、5温暖化は、地球生態系の乱れ(不健全化)、6それでは、どうしたらよいのか？…(温暖化問題解決のための「地球生態系の保全対策」)をとりあげ、温暖化問題を解決するためには、安定的な気候や多様な生物の生息を可能にする健全な地球生態系を確保することが重要であることを学ぶ。

1.1 生態系とは

① 生態系ってなに？…生態系とは

生態系とは

　生物は、単独では生活できず、同じ仲間同士で、また別の仲間との間でもお互いに関わり合いながら生きている。また、生物たちは、太陽エネルギーや雨、気温、風などの環境の影響を受けるとともに、環境に影響を及ぼしている。

　森林、草原、川、湖、海など、ある一定の区域に存在する生物とそれを取り巻く環境全体（大気、水、土壌、太陽エネルギーなど）をまとめ、ある程度閉じた

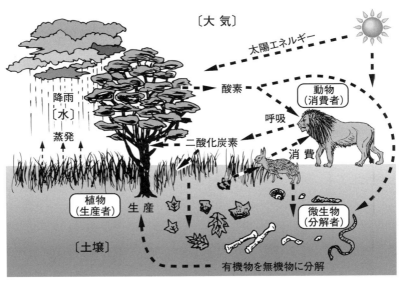

図1.1　生態系の概念図　（参考文献7)8)をもとに作成）

系とみなし、これを生態系という。

生態系は、植物（生産者）、動物（消費者）、微生物（分解者）から構成される生物的部分と、大気、水、土壌などの非生物的部分からなっている（図1.1）。

図1.1「生態系の概念図」の説明

- **太陽エネルギー**：すべては太陽から始まる。太陽エネルギーが地球に入射し、その一部は再び宇宙に向けて反射されるが、地球に吸収されたエネルギー（熱）は大気と海水を動かす原動力となり、それらの流れが変化に富む地球の気候を生み出す。
- **大気**：大気を構成する大部分は窒素約78％と酸素約21％で、残り約1％がそれ以外のさまざまな気体である。空気中の酸素は動物・植物の呼吸に必要であり、二酸化炭素は植物の同化作用にとって重要な成分である。大気中では酸素約21％、二酸化炭素約0.03％（近年、増加）でバランス良く保たれている。
- **水**：生物は水なしでは生きていけない。地球の水の総量は実質的に変化せず、水は形態を絶えず変化（気化・液化・固化）させながら循環している。
- **土壌**：生態系を支える土台であり、植物が育つために必要な有機物や無機物を含み、微生物などの生息空間でもある。
- **植物（生産者）**：植物は大気中の二酸化炭素と土壌中の水分を吸収し、太陽エネルギーを使って光合成を行い、糖などの有機物（栄養分）を作る。植物の作る有機物がすべての生命を支えるもとになっている。
- **動物（消費者）と植物（生産者）**：互いに食うか、食われるかの関係（食物連鎖）でつながり、生態系のバランスを保ちながら生存している。
- **微生物（分解者）**：動物や植物の死がい、排せつ物、枯れ葉などの有機物を無機化して土に還す。ごみを分解する重要な存在である。

2 生態系は、物質循環によって成り立つ（自然のリサイクル）

生態系は物質循環で成り立つ

　生態系の生物部分は生産者、消費者、分解者に区分される。植物（生産者）が太陽光からエネルギーを取り込み、光合成（図1.2）で有機物（糖類）を生産し、これを動物（消費者）が利用していく。死がいやフンなどは主に微生物に利用され、さらにこれを食べる生物が存在する（分解者）。これらの過程を通じて生産者が取り込んだエネルギーは消費されていき、生物体が無機化されていく。それらは再び植物や微生物を起点に食物連鎖（図1.3）に取り込まれる。これを物質循環といい、生態系はこの物質循環で成り立っている。

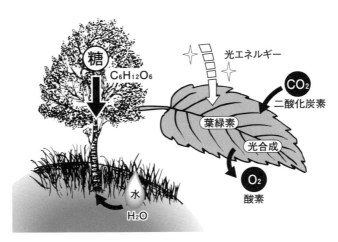

二酸化炭素 ＋ 水 ＋ 光エネルギー → 糖 ＋ 酸素 ＋ 水
$6CO_2$　　$12H_2O$　　　　　　　$C_6H_{12}O_6$　$6O_2$　$6H_2O$

図1.2　光合成　（参考文献3）をもとに作成

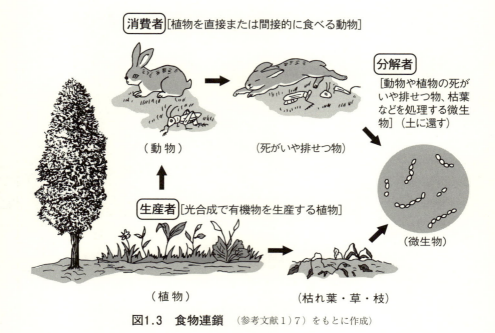

図1.3　食物連鎖　（参考文献1）7）をもとに作成）

生態系は、ごみを出さない自然のリサイクル

　自然の中にも落ち葉や枯れ枝、動物の死がいやフン、人間でいえばゴミにあたるものがたくさんできる。しかし、これらのものは、小さな虫やミミズなど（消費者）に食べられたり、土の中や水底の細菌やカビなど（分解者）によって分解され、土に戻っていく。そして、これを肥料にして植物（生産者）が成長して、その植物を動物（消費者）が食べるというように、自然の中でリサイクル（一度使われたものが形を変えながら何度も使われること）がうまく行われている。生態系は「ごみを出さない自然のリサイクル」である。

③ さまざまな生態系が集まって、地球生態系を形成

さまざまな生態系

生態系は、それを取り巻く環境の違いによりさまざまである。媒質が空気か水の違いで、陸域生態系と水域生態系とに大別される（図1.4）。

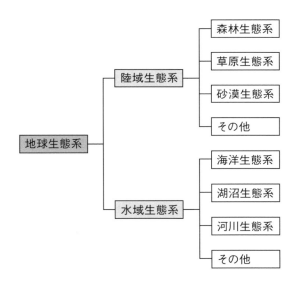

図1.4　さまざまな生態系
参考文献2）

陸域生態系は、植生の種類や有無によって森林、草原、砂漠などの生態系に分かれ、水域生態系は、海洋、河川、湖沼などの生態系に分かれる。

代表的な森林生態系と海洋生態系の概要を図1.5、図1.6に示す。

森林生態系

森林は、植物の葉層などで太陽エネルギーを吸収し、森林内部に安定した気象環境を形成する。また、緑のダムとも呼ばれ、雨水を保水する機能に優れる。

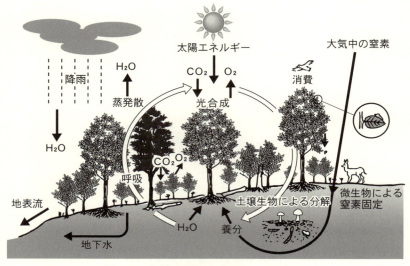

図1.5 森林生態系の概要　参考文献3）

　多種多様な生物が生息する森林生態系は、おいしい水ときれいな空気を作る源である。

図1.5「森林生態系の概要」の説明

① 　草木など緑色植物は、太陽光からエネルギーを取り込み、葉緑素の働き〔光合成〕によって、土壌から吸い上げた養分や水分と大気中の二酸化炭素（CO_2）から有機物（糖類）を作り成長する。

② 　鳥や虫、草食・肉食動物は、植物の作った有機物（糖類）を直接または間接的に食べて生育する。

③ 　植物が枯れて地表に落ちた枝・葉や動物の死がい・排せつ物などは、土壌の小動物や微生物によって分解され、土に還る。

④ 　大気中に拡散する水分（H_2O）、二酸化炭素（CO_2）、酸素（O_2）は植物の光合成、動物・植物の呼吸、微生物の有機物分解に使われ広域的に循環し、バランスの良い状態（二酸化炭素約0.03％、酸素約21％）に保たれている。

⑤ 　水は大気、森林、土壌などに存在し、降雨、森林の吸収・吸着・蒸散、土壌の浸水・蒸発・表流などを繰り返し循環する。

海洋生態系

地球の表面の7割を占める海洋は、生命の源であり、多種多様な生物が生息し、豊かな生態系を形成する。

図1.6「海洋生態系の概要」の説明

① 生産者の植物プランクトンや海草・海藻（種子・被子植物）などは海洋表層で、太陽光からエネルギーを取り込み、水中に溶存する窒素・リンなどの栄養塩類や二酸化炭素（CO_2）を吸収し、光合成によって有機物（糖類）を作り増殖・成長する。

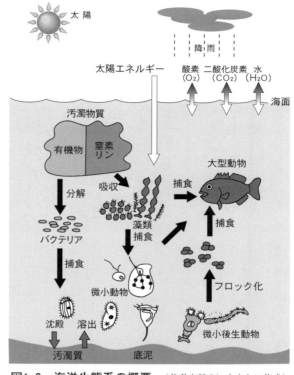

図1.6 海洋生態系の概要 （参考文献2）をもとに作成）

② 一次消費者のバクテリアは水中に溶解する有機物を分解して増殖する。
③ 二次消費者の微小動物は、これを捕食して成長する。
④ さらにこれを捕食する三次消費者の魚類が捕食して成長する。
⑤ 枯死した植物プランクトン、動物プランクトンや魚などの死がいは、海底に沈殿し、微生物によって分解される。
⑥ 大気中と海水中の水分（H_2O）、二酸化炭素（CO_2）、酸素（O_2）は、海面を介して吸収・発散して、ほど良い濃度にバランスが保たれている。
⑦ 太陽エネルギーを吸収した海水は、冷めにくく、温まりにくく、地球上の気候を穏やかにする働きをもつ。

環境ミニセミナー 生態系ピラミッドについて

　生態系の生物群は、太陽エネルギーを取り込み無機物（CO_2など）から有機物を作る生産者（緑色植物）、その生産者の消費者（動物）、両者の排せつ物や死がいを無機化する分解者（微生物など）から構成され、それらの生体量はピラミッド構造となっています（図S.1）。ピラミッドの上に行くほど生きられる数は少なくなります。したがって、生態系ピラミッドの最上位に位置する人類や肉食性動物の生きられる数は少なく、限られています。今人類が直面している人口問題や食料問題の根本的な要因がここにあります。

　また最近、「生物種の絶滅」も深刻な問題となっています。国連食糧農業機関（FAO）は、現在急速に生物種が絶滅し、このまま進行すると、今後30年以内に地球上の生物の25％が絶滅する可能性があると警告しています。生態系ピラミッドの中で、ある生物がいなくなってしまうと、それを食物にしていた生物が影響を受け、食物連鎖のピラミッドが壊れてしまいます。私たち人間も、このピラミッドを構成する一員です。ピラミッドが崩れてくると食料不足など、私たちにもその影響が及んできます。

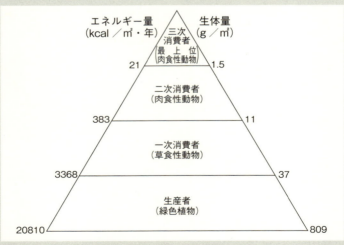

図S.1　生態系ピラミッド　　参考文献1）2）3）

4 地球生態系は人類生存の基盤

　地球ができたのが今から約46億年前、初めて生物が生まれたのが35〜40億年前といわれ、その頃大気の中には酸素はなかったが、しばらくすると酸素を光合成により生み出す藻類が誕生し、その後酸素の増加とともに二酸化炭素の減少やオゾン層の形成により、地球生態系は安定してきた。約６億年以上前には海の中に動物が現れ、３〜４億年前には陸上の動物が現れ、数百万年前には原人が出現するなど、さまざまな生物が誕生し、長い年月をかけて現在のような地球生態系が形成された（図1.7）。もし生態系の中である生物がいなくなってしまうと、食

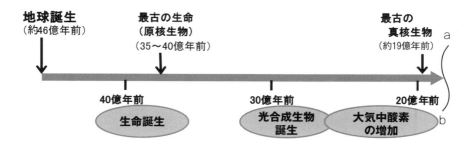

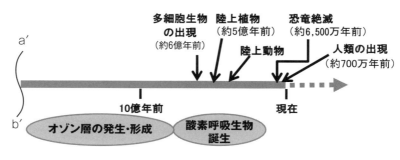

図1.7　地球生態系の歴史　(参考文献10) 11) をもとに作成)

1章　温暖化問題解決のカギ"地球生態系"を学ぶ！

物連鎖のピラミッドが崩れ、生態系は成り立たない（環境ミニセミナー「生態系ピラミッドについて」P.10参照）。崩れた生態系ピラミッドが修復されるには長い年月を要する。

　地球生態系はさまざまな生物がお互いに関わり合って、絶妙のバランスで保たれ、維持されている。人間も生態系を構成する一員であり、生態系に深く関わり、生きている。生態系が健全であって初めて人間の生存が保障される。健全なる地球生態系は、人類生存の唯一無二の基盤である（図1.8）。

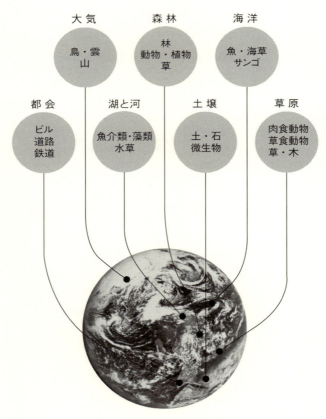

図1.8　人類生存の基盤〔地球生態系〕

5　生態系（エコシステム）の機能
…生態系からの恵み

生態系の機能（恵み）

　森林生態系や海洋生態系などは多くの機能を有し、人類に限りない恵みを与えてくれる（表1.1）。

表1.1　森林・海洋生態系が有する機能　参考文献2）

	森林生態系	海洋生態系
生産機能	製材・用材、パルプ用材、薪炭・草肥などの生産	水産物生産（魚介類、海藻類、海草類など）
生物資源保全機能	○遺伝資源の保存（野生遺伝資源〈生物種〉の保存、野生動植物の生育保護） ○生態系維持（陸地及び水界の生態系の維持）	○遺伝資源の保存（野生遺伝資源〈生物種〉の保存、野生動植物の生育保護） ○生態系維持（水界の生態系の維持）
国土保全機能	土地保全（土地浸食の防止、土砂崩壊の防止、洪水防止）	土地保全（浅瀬での高潮の緩和など）
環境保全機能	○酸素の供給 ○地球温暖化の防止（二酸化炭素の吸収・固定） ○大気保全、水環境保全（大気・水質浄化、水源涵養）	○酸素の供給 ○地球温暖化の防止（二酸化炭素の吸収・固定） ○水環境保全（浄化）
アメニティ機能	○居住空間保全（景観の形成保全、防風・防塵、遮光、温度・湿度調節、災害防止 ○保健休養（レクリエーションの場、自然・情操教育、精神の安定化、伝統文化の維持）	○景観の形成・保全 ○温度・湿度調節 ○保健休養（レクリエーションの場、自然・情操教育、精神の安定化、伝統文化の維持）

　私たちの暮らしは、食料や水、酸素の供給、土地の保全、大気・水質の浄化など、生態系の機能（恵み）によって支えられている。

A）生産機能

　森林は製材用木材やパルプ用材、薪炭材や有機肥料などの供給源として、海洋は魚介類や海藻類などの水産物、潮汐発電などの自然エネルギーの供給源として機能している。

B）生物資源保全機能

　森林や海洋など自然環境には多種多様な生物が生息し、地球生態系の保全に寄与しているとともに、多様な遺伝子資源を保存しており、衣料・食料・新薬の開発に貢献している。

C）国土保全機能

　土壌浸食の防止や土砂崩落の防止、水源や地下水の涵養、洪水の防止、高潮の緩和などにより国土の保全に寄与しているが、近年は森林や沿岸域などの開発によりその機能は低下している。

D）環境保全（浄化）機能

　酸素供給や二酸化炭素の吸収・固定による地球温暖化の防止、大気や水質の浄化などによる地球環境の保全に機能しており、人間をはじめとする生物の生存を可能にしている。

E）アメニティ機能

　景観の保全や温度・湿度調整とともに、レクリエーションの場や自然・情操・環境教育の場などの日常生活の快適性にも大きく貢献している。

6 環境問題は、生態系の乱れ…不健全化

前述の環境ミニセミナー「生態系ピラミッドについて」(P.10) や「4 地球生態系は人類生存の基盤」(P.11) で述べたように、人間も生態系を構成する一員であり、生態系に支えられて生きているとともに、人間の活動は生態系にさまざまな影響を及ぼす。人間の活動と生態系の関わりの強さは、図1.9に示すように、生態系から摂取する物質（資源物）と生態系に廃棄する物質（廃棄物）の量と質による。

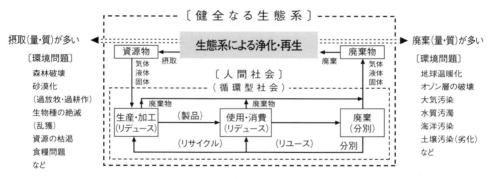

図1.9　人間社会と生態系の関わり

　生態系での物質（エネルギー）循環が損なわれない自己再生の範囲、すなわち自己浄化が行われる範囲であれば、人間の諸活動にともなって汚染物質を廃棄したり、資源物を摂取しても生態系の破壊は起こらない。しかし、近年の急激な人口の増加や人間の社会・経済活動の拡大にともない、化石燃料を過剰に使用し二酸化炭素、窒素酸化物、硫黄酸化物などの多量の排出や、自然浄化されにくいフロン、ＰＣＢ、農薬などの多様な汚染物質の排出、野生動植物の乱獲などによって生態系への負荷が増大し、生態系の浄化・再生機能が対応しきれなくなってし

まい、物質循環のバランスが乱れ、多様な生物にとって生態系が不健全な状態となり、さまざまな環境問題をもたらしている。

　現在直面する地球温暖化、オゾン層破壊、環境汚染（大気・水質・海洋・土壌）、砂漠化、生物種の絶滅などの深刻な地球環境問題は、人間の諸活動（量と質）によってもたらされた地球生態系の不健全化の問題である。

7 それでは、どうしたらよいのか？
―環境問題解決のための「生態系の保全対策」―

　前述6のように、現在直面する環境問題の多くは、人間の諸活動(量と質)によってもたらされた生態系の不健全化の問題である。
　「それでは、どうしたらよいのか？」
　環境問題を解決し、持続可能な社会を実現するためには、健全な生態系を確保することが重要となる。

生態系の保全対策

　生態系の保全対策として最も大切なことは「自然との共生」である。人間も生態系を構成する一員であり、生態系全体によって支えられているとともに人間の活動が生態系全体に大きな影響を与える。このことをしっかり認識して社会・経済システムや生活スタイルを見直し、環境への負荷を低減して、自然と共に生きることである。

　具体的な生態系の保全対策としては、環境問題の原因とされている対象物質やエネルギー（水、熱、炭素、炭化水素類、窒素化合物、塩素化合物、栄養塩類など）の生態系における物質循環のメカニズムを把握し明確にしたうえで[注1)]、「1．生態系への負荷の低減（持続可能な循環型社会の構築）」を図り、「2．不健全な生態系の修復と健全で恵み豊かな生態系の創出」を推進することが重要となる。

注1)　生態系における物質循環のメカニズムが不明瞭な物質は使用（排出・摂取）しないことを原則とする。

1．生態系への負荷の低減（持続可能な循環型社会の構築）

　環境問題の原因となる対象物質やエネルギー（水、熱、炭素、炭化水素類、窒素化合物、塩素化合物、栄養塩類など）に関して、図1.9「人間社会と生態系の

関わり」(P.15) に示した生態系から摂取する物質（資源物）と生態系に廃棄する物質（廃棄物）の収支[注2]を予測[注3]して、生態系の浄化・再生能力の許容範囲を超える摂取や廃棄はしないよう、人間社会における物質・エネルギーの循環率を高め、生態系への負荷の低減を図る。

注2) 例として、図1.12「太陽と地球のエネルギー収支」(P.23) や図1.13「地球の水循環」(P.24)、図1.14「地球の炭素循環」(P.25) を参照。

注3) 環境問題の原因となる対象物質は他の物質やさまざまな生物と関連し合っているので、全体観に立って総合的に予測することが必要。

２．不健全な生態系の修復と健全で恵み豊かな生態系の創出

不健全な生態系の修復と健全で恵み豊かな生態系の創出のため、人間の活動と生態系の変化（不健全化）の関係[注4]を明確にして、それにそって対策を講じ、人間の諸活動と生態系（物質循環）を調和させ、自然との共生を図る。

基本的な対策

a) 自然環境保全地域の指定や規制による原生的な自然の保全、森林・農地・水辺などの維持・形成、生息空間や緑地・海浜などの整備。

b) 地域の山地自然地域や里地自然地域・平地自然地域、沿岸海域の植生復元や生息環境の修復・保全など。

c) 生物多様性条約などに基づく生物多様性の確保や野生動植物の保護管理など。

d) 人間の活動によって失われた自然的要素の修復・復元による自然のメカニズムの回復。例えば、ホタルなど特定生物を生息させるための生活環境を修復・復元するビオトープ作りなどを通して、多様な生物が生息する生態系を創出する。

e) 人間の諸活動と自然生態系（物質循環）との調和。例えば、人間社会から自然生態系に廃棄（気体・液体・固体）する場合、多様な生物が生息する生態系模擬領域（ビオトープ、人工干潟、人工林など）を設け、そこで一旦、馴化・馴致処理を行い、模擬的生態系になじませた後、自然生態系に廃棄す

る。

注4）例として、図1.10「人間活動における生態系との関わり」（P.19）を参照。

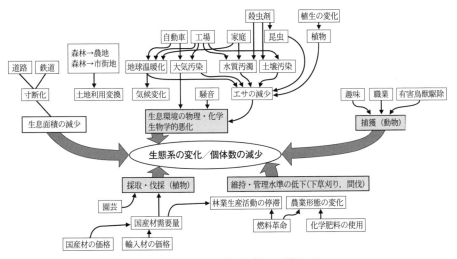

図1.10　人間活動における生態系との関わり　参考文献2）

1.2 地球生態系と温暖化

1 地球生態系とは

　地球上の陸域（森林、草原、砂漠など）や水域（海洋、湖沼、河川など）にはさまざまな生態系が形成され、それらが集まって地球生態系は成り立っている。全体としては、大気圏、水圏、地圏と、そこに生息する生物から成る生物圏、それに太陽（光・熱）が加わる5要素から構成されている（図1.11）。各圏は相互に関連し合い、エネルギーの収支や水、炭素、窒素などの循環が自然のメカニズムの働き（エコシステム）によって円滑に行われ、生物の生息環境は安定した状態に保たれている。

　図1.11に示すように、すべては太陽から始まり、地球に入射した太陽エネルギーは、その一部は再び宇宙に向けて反射されるが、地表に吸収され熱に変わるものがあり、この熱が大気圏の大気と水圏の水（海水）を動かすエネルギーとなり、それらの流れが、気圧や風、気温や湿度、降水量などの変化に富んだ地球の気候を生み出す。

　また、生物圏では、樹木、草、水生植物、植物プランクトンなど植物（生産者）が太陽光からエネルギーを取り込み、光合成で有機物（糖類）を生産し、これを動物（消費者）が消費し、動物・植物の死がいや排せつ物を微生物（分解者）が無機化し、これを再び植物（生産者）が取り込む食物連鎖が行われ、この食物連鎖の過程で酸素（O_2）や二酸化炭素（CO_2）、有機物、窒素、りんなどの物質が生物圏と、大気圏や水圏、地圏との間で授受（供給・摂取）される。

　以上のような、地球上のすべての生物と、大気、水、土など、それを取り巻く環境全体との関係（システム）が地球生態系である。

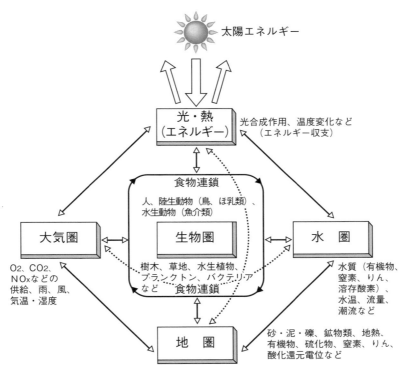

図1.11 地球生態系の概念 (参考文献12) をもとに作成)

2　地球生態系の物質循環と環境保全機能

　地球生態系では太陽（熱・光）をエネルギー源として大気循環や水循環、炭素循環、窒素循環などが起こり、それによって地球環境が安定化され、生物の生息が可能となる。生物圏に生息する生物は、光エネルギーを用いた植物の光合成や、動物・植物の呼吸、生物相互間の食物連鎖による物質循環などにより大気圏、水圏、地圏に影響を及ぼし、それぞれの圏は相互に関連し合い、これらの相互作用によって地球生態系が成り立っている。

地球生態系の相互作用（例）（P.8の図1.5、及びP.9の図1.6を参照）

- ▶ 太陽エネルギーを吸収し暖められた海洋の海水は、冷めにくく、温まりにくく、地球上の気候を穏やかにする働きをもつ。
- ▶ 水は、大気、森林、土壌、河川、湖沼、海洋などに存在し、降雨、及び森林の吸収・吸着・蒸散、土壌の浸水・蒸発・表流、河川・湖沼・海洋の吸収・蒸発・貯留を繰り返し循環する。
- ▶ 大気中に拡散する水分（H_2O）、二酸化炭素（CO_2）、酸素（O_2）などは植物の光合成、動物・植物の呼吸、微生物の有機物分解等に使われ広域的に循環する。また、大気中と海水中に存在するこれらの物質は海面を介して吸収・発散して、ほど良い濃度にバランスが保たれている。
- ▶ 微生物（分解者）や動物（消費者）は、食物連鎖を通して、地圏や水圏の汚濁物質（有機物など）を分解（浄化）する。

　地球生態系は、このような地球全体のエネルギーや物質の循環の働き（エコシステム）によって、酸素の供給や地球温暖化緩和（CO_2吸収・固定）、大気保全、水環境保全（水質浄化・水源涵養）などの環境保全機能を有する。

代表的な物質循環（エネルギー、水、炭素、窒素）

A）エネルギー収支

　太陽からの放射100％（図1.12のa）のうち、大気層の物質や地表面によって約30％が反射され、地表及び大気には約70％が吸収される。これが地球生態系のエネルギーとして利用される。また、地球からも宇宙に向かって赤外線が放射される（図1.12のb）。太陽光より波長が長い赤外線は、大気層の水蒸気（H_2O）や二酸化炭素（CO_2）などに吸収されやすく、ほとんどが吸収され、熱として大気に蓄積され、この熱（赤外線）が再び地表の表面に戻って地表付近の大気を暖める（図1.12）。この現象が温室効果であり、地表付近の温度を一定状態に保ち（平均約14℃）、生物の生息環境を安定的に維持するうえで大変重要な地球生態系の環境保全機能である。なお、この効果はメタン（CH_4）やフロン類などにもあり、これらを温室効果ガスと呼ぶ。大気中の温室効果ガスが増えると温室効果が強まり、地球の表面の気温が高くなる。

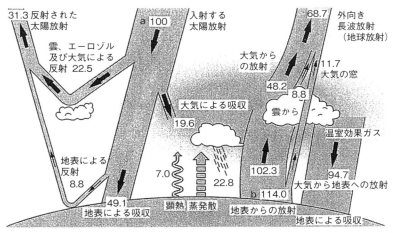

入射する全地球平均の太陽放射（342W/㎡）を100とした場合の値で表示（IPCC/TARに基づく）。
[近藤洋輝、地球温暖化予測がわかる本、P.39、図3.6、成山堂書店（2003）]より

図1.12　太陽と地球のエネルギー収支　参考文献16)

B）水循環

　地球上に循環する水の約97％は海水で占められている。残りのわずか3％ほどが湖沼水、河川水、地下水、土壌水、氷河などである。海洋や湖沼、河川が太陽熱によって暖められると、水分が蒸発し、水蒸気となって大気中に拡散する。水蒸気を含んだ空気が上昇して冷やされると、水蒸気は熱を放出して凝結する。凝結した水滴や氷晶が大きくなると雨や雪となって地表に降ってくる。このようにして、海洋や湖沼、河川、土壌などにふたたび水が供給される。地球の水の総量は実質的には変わらず、蒸気、液体、固体の3つの状態に変化しながら地球を循環している。この過程で大量の熱エネルギーを運搬し、気候を形成する大きな役割を担っている（図1.13）。

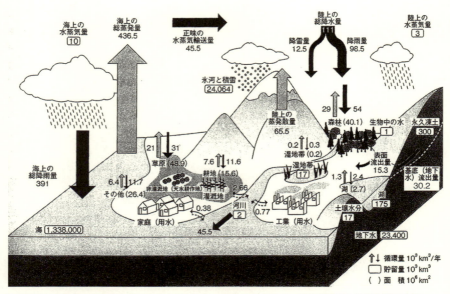

この地球の水収支には南極大陸は含まれていない。移動する水については年間あたりの体積で表示。
［沖 大幹、日本地球惑星科学連合ニュースレター（JGL）、3、3、P.1-3地球規模の水循環と世界の水資源、（社）日本地球惑星科学連合（2007）より］

図1.13　地球の水循環　参考文献15)

また、水は地球上の生物にとってかけがえのない物質であり、私たち人間の生活や産業にも欠かせない大切な資源である。世界の水資源の利用量は、多い順に農業用水、工業用水、生活用水である。世界的に水不足問題は深刻化している。

C）炭素循環

炭素（C）は多くの物の中に存在する元素である。あらゆる植物・動物をはじめ、私たちが呼吸する空気中にもある。地球に存在する炭素の大部分は、地殻の化石燃料や森林の植物、海洋、土壌、岩石などに貯えられている（図1.14）。

空気中に放出された炭素の大部分は、大気から二酸化炭素（CO_2）を取り込む

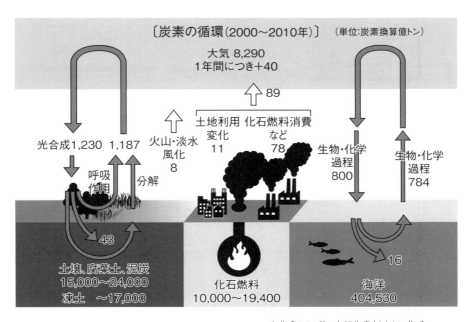

出典：「IPCC第5次報告書」をもとに作成

図1.14　地球の炭素循環　参考文献19)

植物や海洋を通して自然に循環している。

植物は大気中の二酸化炭素（CO_2）を光合成によって取り込み、有機物を作り出し、有機物は微生物によって分解され、もとの二酸化炭素（CO_2）となって循

環する。この限りであれば大気中の二酸化炭素（CO_2）濃度は増加しない（カーボンニュートラル）。地球に貯えられていた化石燃料（石油や石炭など）の使用（消費）が二酸化炭素（CO_2）増加の原因となる。

D）窒素循環

窒素（N）は大気中に安定した気体（N_2）として約78％（体積比）存在している。窒素を含む化合物には、アンモニアや硝酸に代表される無機的な化合物もあれば、タンパク質や核酸などの有機的な生体構成物質もあり、地球生態系ではさまざまな化合物の状態で循環している（図1.15）。

窒素（N）は、大気中では窒素ガス（N_2）や窒素酸化物（N_2O、NO_xなど）、水中ではアンモニアイオンや硝酸・亜硝酸イオン、そしてそれらが組み合わさっ

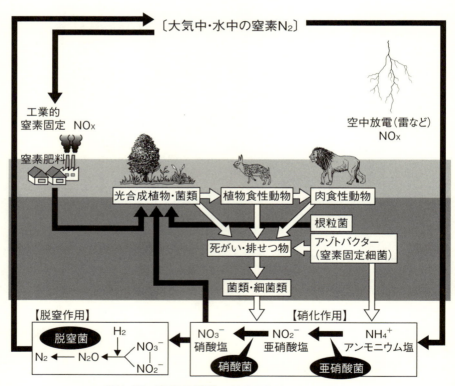

図1.15　窒素の循環　（参考文献18）をもとに作成）

た無機塩類や生体構成物として存在する。土壌では細菌類（バクテリア）の影響が強く、大気中の窒素は根粒菌や光合成細菌、窒素固定細菌（ラン藻類の一種）などによって化学変化し、アンモニアを経由して結果的にアミノ酸などに組み込まれる（窒素の固定化）。このほか、亜硝酸菌・硝酸菌によるアンモニア塩の硝化や、脱窒菌による硝酸・亜硝酸塩の脱窒などがある。植物は、細菌類によってアンモニウムイオンや硝酸イオンに変換された窒素を水分と一緒に根から吸収し、タンパク質や核酸に変換している。多くの動物は、大気中の窒素を同化できないことから、動植物を食することで窒素を含有する栄養を摂取している。動植物の死がいや排せつ物は多量の窒素化合物が含まれているが、土壌の細菌類によって分解、無機化されて循環する。雷の放電によっても大気中の窒素は窒素酸化物などに変換されて、水に溶けて土壌に移行する。

　自然界ではこのように安定的に循環していたが、20世紀に入り、大気中の窒素と原油から取り出した水素を反応させてアンモニアを製造するハーバー・ボッシュ法が発明され、大量の窒素肥料の生産が可能になり、窒素循環に大きな変化が生じるようになった。さらに、化石燃料を多量に使用する社会・経済活動が盛んになり、工場、火力発電、自動車などから窒素酸化物が多量に排出され、オゾン層の破壊（N_2O）、地球温暖化（N_2O）、酸性雨（NO_x）などの地球環境問題の原因のひとつに挙げられている。

3 地球生態系の機能（恵み）

　地球生態系は、前述2の環境保全機能のほかに、生産機能（水産物、農産物、林産物、再生可能エネルギーなど）や生物保全機能（遺伝資源の保存、動植物の生育保護など）、国土保全機能（土地の浸食・崩壊防止、洪水防止、水資源の涵養など）、アメニティ機能（温・湿度調整、防風・防塵、景観保全など）を有し、人類に限りない恵みを与えてくれる（図1.16）。
　私たちの暮らしは、地球生態系を構成する大気圏、水圏、地圏、生物圏からの恵み（機能）によって支えられている。

各圏からの恵み（機能）
A）大気圏
　大気圏は、清浄な空気、適度な温・湿度、そよ風など快適な生活環境の形成や、太陽光・熱、酸素（O_2）、窒素（N_2）、二酸化炭素（CO_2）の供給、気体成分から液体窒素や液体酸素、ドライアイスの回収などで生活や社会・経済活動を支えている。また、太陽光・熱、大気熱、風力などの再生可能エネルギーの供給源でもある。

B）水圏
　水圏では、地下水や河川水などの水資源が農業用水、工業用水、生活用水として食料や工業製品の生産、生活の糧などに寄与している。また、水力発電や潮汐発電、波力発電などの再生可能エネルギーの供給源として機能している。

C）地圏
　地圏からは、多くのエネルギー資源・鉱物資源を得ている。しかし、銀・金・鉛・銅などは20～50年程度、石油は約40年、天然ガス、ウランは約60年程度で枯渇すると考えられている（環境ミニセミナー「エネルギー資源・鉱物資源の残余年数」P.30を参照）。ただし、これは今後の社会・経済活動や環境・エネルギー対

図1.16 地球生態系からの恵み 参考文献12) 13) 19)

1章 温暖化問題解決のカギ"地球生態系"を学ぶ！

環境ミニセミナー エネルギー資源・鉱物資源の残余年数

　地球生態系を構成する地圏から、われわれは、石油や天然ガス、ウラン、石炭などのエネルギー資源のほか、銀や金、鉛など多くの鉱物資源を生産しています。これらの資源は埋蔵量に限りがあります。今後何年、生産を続けることができるでしょうか（図S.2）。単純に埋蔵量を生産量で除した残余年数はおおむね、石油約40年、天然ガス約60年、石炭約160年、ウラン60～80年、銀・金・鉛は20～40年と考えられています(2004年)。これらの値は今後の人口の増加や経済の発展、省資源・省エネルギー対策の推進などによる生産・消費量によって変わってきます。また、新たな採掘場所の発見や採掘・生産技術の進歩などによる確認埋蔵量の増加によっても変わります。いずれにしても、地球上のこれらの資源の絶対量は確実に減少して、やがて枯渇することは間違いありません。近年、世界各国の経済成長にともない化石燃料の生産・消費量は増加していますので、枯渇の危機は迫ってきています。

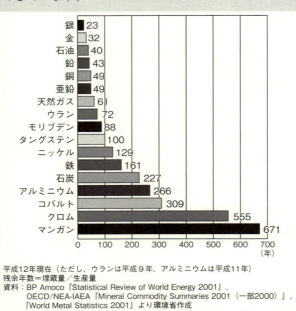

平成12年現在（ただし、ウランは平成9年、アルミニウムは平成11年）
残余年数＝埋蔵量／生産量
資料：BP Amoco『Statistical Review of World Energy 2001』、
　　　OECD/NEA-IAEA『Mineral Commodity Summaries 2001（一部2000）』、
　　　『World Metal Statistics 2001』より環境省作成

図S.2　主要なエネルギー資源・鉱物資源の残余年数　参考文献5）

策などによって大きく変わる。

また地圏は、温泉や地熱・地中熱（再生可能エネルギー）の供給源でもある。

D）生物圏

生物圏は、水産物（魚介類、海藻類など）や農・畜産物（穀物類、野菜類、食肉類など）、林産物（建築用材やパルプ用材など）の生産機能を有する。

さらに、微生物（分解者）の有機物分解は、下水処理や生ごみの堆肥化、バイオマスエネルギー・資源化(注)などにより循環型社会の構築に貢献し、また、生物が有する遺伝資源は、新薬の開発や品種改良による食料増産を可能にし、社会・経済活動を支えている。

注）事例として、本書の付録資料①、②、③（P.183～196）を参照。

4 地球温暖化とは

　地球温暖化とは、人間の社会・経済活動によって温室効果ガスが大気中に大量に放出され、地球全体の平均気温が上昇する現象のことである。20世紀半ば以降から地球規模で気温が上昇し、現在の地球は過去1,400年で最も高くなり、私たちが経験したことのない地球環境に変わりつつある（図1.17）。

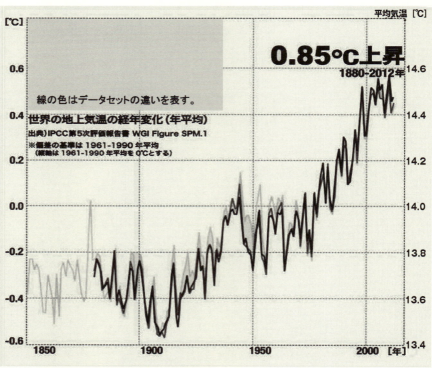

図1.17　世界の地上気温の経年変化（年平均）　参考文献23）

地球温暖化の影響

　地球温暖化は、平均的な気温の上昇のみならず、海水温の上昇による氷河・氷床の縮小や海面水位の上昇のほか、異常高温（熱波）や局地的大雨・短時間強雨・干ばつ（降雨パターンの激変）、台風の増加・大型化などのさまざまな気候変動もともなっている（環境ミニセミナー「気候変動のメカニズムと脅威」P.38を参照）。その影響は、自然環境や人間社会にまで幅広く及んでいる。今後、地球の気温はさらに上昇することが予測され、また、温度上昇による凍土の融解や土壌中有機物の分解促進（メタン等の温室効果ガス発生量の増加）、山火事による森林破壊（CO_2発生量の増加）、氷河・氷床の縮小（太陽エネルギー反射量の低減）など、地球生態系がなお一層破壊される悪循環によって温暖化の加速化も考えられ、水環境・水資源、自然生態系など自然環境や、農林水産物（食料）、災害、健康、国民生活など人間社会により深刻な影響が生じることが懸念されている（図

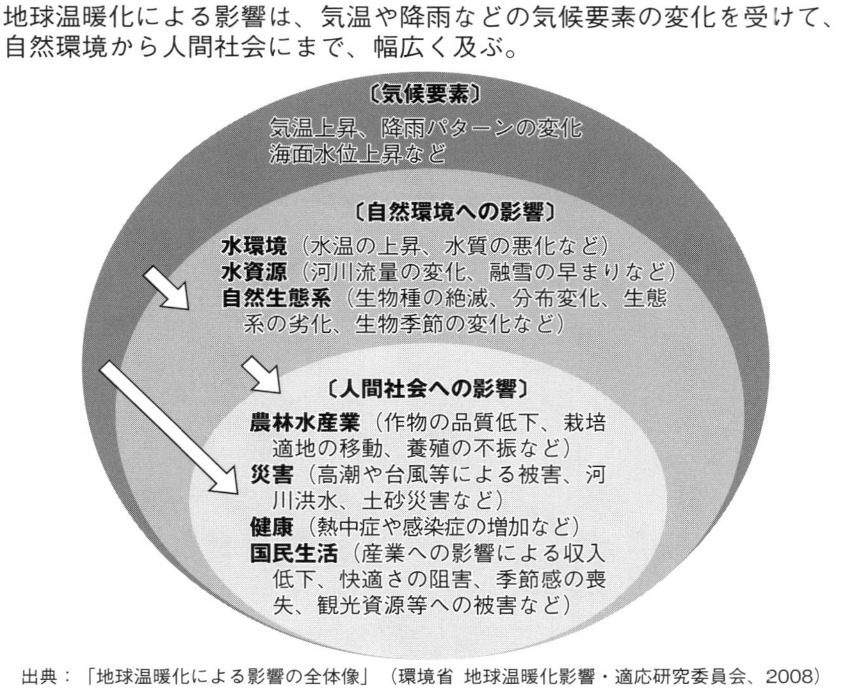

地球温暖化による影響は、気温や降雨などの気候要素の変化を受けて、自然環境から人間社会にまで、幅広く及ぶ。

〔気候要素〕
気温上昇、降雨パターンの変化
海面水位上昇など

〔自然環境への影響〕
水環境（水温の上昇、水質の悪化など）
水資源（河川流量の変化、融雪の早まりなど）
自然生態系（生物種の絶滅、分布変化、生態系の劣化、生物季節の変化など）

〔人間社会への影響〕
農林水産業（作物の品質低下、栽培適地の移動、養殖の不振など）
災害（高潮や台風等による被害、河川洪水、土砂災害など）
健康（熱中症や感染症の増加など）
国民生活（産業への影響による収入低下、快適さの阻害、季節感の喪失、観光資源等への被害など）

出典：「地球温暖化による影響の全体像」（環境省 地球温暖化影響・適応研究委員会、2008）

図1.18　地球温暖化による影響のメカニズム　参考文献22)

1.18)。

地球温暖化のメカニズム

　太陽と地球のエネルギー収支の概要は前述の図1.12（P.23）のとおりである。太陽からの放射100％（太陽放射）のうち、大気層の物質や地表面によって約30％が反射され、地表及び大気には約70％が吸収される。これが地球生態系のエネルギーとして利用される。また、地球からも宇宙に向かって赤外線が放射される（地球放射）。太陽光より波長が長い赤外線は、大気層の水蒸気（H_2O）や二酸化炭素（CO_2）などに吸収されやすく、ほとんどが吸収されて熱として大気に蓄積され、この熱（赤外線）が再び地表の表面に戻って地表付近の大気を暖める（図1.19）。この現象が温室効果であり、地表付近の温度を一定状態に保ち（平均約14℃）、生物の生息環境を安定的に維持するうえで大変重要な地球生態系の環境保全機能である。なお、この効果はメタン（CH_4）やフロン類などにもあり、これらを温室効果ガスと呼ぶ（表1.2）。

図1.19　温室効果とは　参考文献20)

表1.2　温室効果ガスの種類と特徴　参考文献19) 21) 23)

温室効果ガス	地球温暖化係数*	濃度変化 工業化以前	濃度変化 2005年	用途・排出源
水蒸気 H_2O	—	1～3%	1～3%	—
二酸化炭素 CO_2	1	278 ppm	391 ppm	化石燃料の燃焼、廃棄物の焼却、有機物の分解
メタン CH_4	25	0.7 ppm	1.8 ppm	水田、湿地、廃棄物の埋立、家畜の腸内発酵、天然ガス、有機物の分解
一酸化二窒素 N_2O	298	0.27 ppm	0.32 ppm	工業製造プロセス、化石燃料の燃焼、化学肥料、有機物の分解
フロン類 (HFCsなど)	1,430など	存在せず	0.24 ppb (HFC-23)	スプレー、エアコンや冷蔵庫などの冷媒、工業製造プロセス、断熱材

＊地球温暖化係数とは、二酸化炭素を1としたときの温室効果の程度を示す値。ここでは、京都議定書第二約束期間における値。
＊ppmは容積比100万分の1、ppbは10億分の1
＊「IPCC第5次報告書（2013年）」などを参考に作成

　大気中の温室効果ガスが増えると温室効果が強まり、地球の表面の気温が高くなる。これが地球の温暖化である。

地球温暖化の原因は…温室効果ガスの増加

　地球に温室効果をもたらしている気体には、水蒸気（H_2O）、二酸化炭素（CO_2）、メタン（CH_4）、一酸化二窒素（N_2O）、フロン類などがある。

　温室効果の大半をなしているのが水蒸気であるが、地球上の「水環境」において水は絶えず循環しているため、大気中の水蒸気の総量は安定している（P.24の図1.13参照）。

　それに対して二酸化炭素は、人間が大気中に排出して地球温暖化に及ぼす影響が最も大きい温室効果ガスである（図1.20）。化石燃料の燃焼、廃棄物の焼却、セメントの生産、及び森林伐採や土地利用の変化などにより大量の二酸化炭素が放出される。二酸化炭素の大気中の濃度は18世紀半ばから上昇を始め、特に数十年前頃から急激に増加している（図1.21）。これは、動力の燃料としての化石燃料の大量消費、世界の人口の増加にともなう森林の伐採や土地利用の変化などによるものと考えられる。

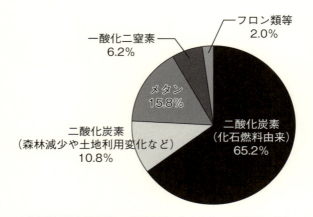

人為起源の温室効果ガスの総排出量に占めるガスの種類別の割合
(2010年の二酸化炭素換算量での数値:IPCC第5次評価報告書より作図)

図1.20　人為起源の温室効果ガス　参考文献20)

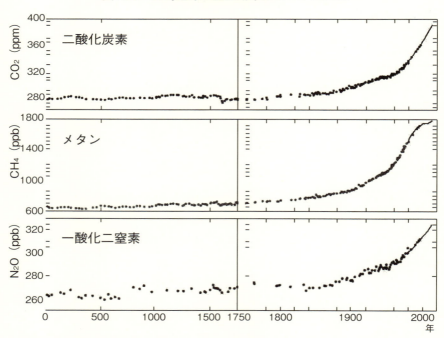

西暦0年から2011年までの主な温室効果ガスの大気中の濃度の変化（IPCC第5次評価報告書より）

図1.21　主な温室効果ガスの濃度変化　参考文献20)

メタンは二酸化炭素に次いで地球温暖化に及ぼす影響が大きい温室効果ガスである。湿地や池、ごみの埋立地、水田などで酸素の少ない状態（嫌気）で有機物が分解される際に発生する。家畜のゲップにもメタンが含まれている。このほか、天然ガスの採掘時や融け出したツンドラ（凍土）からもメタンは発生する。メタンの大気中の濃度は18世紀半ば頃から急激に増加しており、世界の人口の増加にともなう農業や畜産業の活発化や有機物の大量廃棄などによるものと考えられている。メタンの地球温暖化係数（温暖化の能力）は二酸化炭素の25倍と大きい。

　一酸化二窒素は、二酸化炭素、メタンの次に挙げられる温室効果ガスである。海洋や土壌から、あるいは窒素肥料の使用や工業活動にともなって放出され、成層圏で主に太陽紫外線により分解されて消滅する。一酸化二窒素の大気中の濃度もメタンと同様に18世紀半ば頃から急激に増加しており、世界の人口の増加にともなう農業や畜産業の活発化による窒素肥料の使用の増加や家畜の増加、化石燃料の消費、有機物の大量廃棄などによるものと考えられている。大気中の寿命は121年で二酸化炭素やメタンに比べて長く、その濃度は確実に上昇している。一酸化二窒素の地球温暖化係数（温暖化の能力）は二酸化炭素の298倍と極めて大きい。

　温室効果ガスのフロン類は、炭素と水素のほか、フッ素、塩素、臭素などハロゲンを含む化合物の総称であり、その多くは本来自然界には存在しない人工の物質である。これらの中には成層圏のオゾン層を破壊する性質のものもある（図3.25「フロン類のオゾン層破壊と温暖化の効果」P.138参照）。大気中濃度は二酸化炭素に比べ100万分の1程度でも単位質量あたりの温室効果が数千倍と大きいため、わずかな増加でも地球温暖化への影響は大きい。また、大気中の寿命が比較的長いことから、その影響は長期間に及ぶ。代表的なハイドロフルオロカーボン類（HFC_S）は、スプレー、エアコンや冷蔵庫などの冷媒、化学物質の製造プロセスなどで使われ、塩素は含まずオゾン層を破壊しないが強力な温室効果（地球温暖化係数1,430など）がある。

環境ミニセミナー 気候変動のメカニズムと脅威

気候変動のメカニズム

地球の気候（気温、湿度、降水量、風力、気圧などの状況）は、地球生態系を構成する、太陽からの放射エネルギーと、大気圏、水圏、地圏、生物圏の各圏が相互に影響し合って生じます（図S.3）。

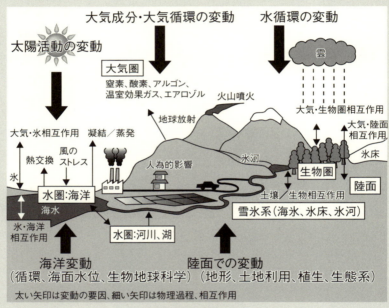

図S.3　気候変動の概念　参考文献8）

〔太陽〕

すべては太陽から始まります。太陽エネルギーが地球に入射し、その一部は再び宇宙に向けて放射されますが、地表及び大気に吸収され熱に変わるものがあります。この熱が大気と海水を動かすエネルギーとなり、それらの変動（流れ）が変化に富む地球の気候を生み出します。

太陽から放射されるエネルギーの量は太陽活動にともない変動します。近年の変動率は大変小さいことがわかっていますが、太陽活動による放射エネルギー量の変動は地球の気候に大きな影響を与えると考えられています。

〔大気圏〕

大気を構成する大部分は窒素（78％）と窒素（21％）で、残り1％がそれ以外のさまざまな気体です。これらの大気中の気体と水蒸気が熱を吸収し、地表付近の空気を暖めています。この現象が「温室効果」です。これによって地表付近の温度は一定状態（平均約14℃）に保たれています。仮に、これらの気体がなかったら、地表付近の温度はマイナス19℃くらいまで下がってしまい、多くの生物にとっては寒すぎてしまいます。

また、赤道付近の大気が暖められて上昇すると、一部が極地域に向かって移動し、上昇して空気が冷え、密度が高くなって下降し、やがて赤道付近に戻って循環します。実際には、陸地の形や大きさが多様であるうえ、地球の自転やさまざまな要素が気団の速度や密度などに影響を与えるため、暖かい空気と冷たい空気の移動の様相は複雑です。暖かい空気と冷たい空気がぶつかるときに天候が変わります。

〔水圏〕

太陽のエネルギーは地球の表面の70％を占める海洋をも暖めます。暖められた海水は海流を生み出します。熱帯付近で暖められた表層水（暖水）は極地方に向かって流れ、それにともなって表層には冷たくて密度の高い深層水（寒水）が上がってきて流れ、海流は巨大なコンベアーのように地球を循環します。この暖かい水と冷たい水の流れ（暖流と寒流）が気候に大きな影響を与えます。

また、P.24の図1.13「地球の水循環」に示すように、海洋や湖、河川など地球上に存在する水は循環し、この過程で雲や雨、氷、雪など形態を変えながら大量の熱エネルギーを運搬し、気候要素（気圧・気温・降水量など）を形成する大きな役割を担っています。

〔地圏〕

地球の陸面部分もさまざまな作用によって気候に影響を及ぼします。

（例）
- ▶ 海洋の影響を受ける沿岸部に比べ、内陸部は気候の日変化や年変化が大きい。
- ▶ 山地にぶつかった大気は上昇して冷え、大気中に含まれていた水蒸気は凝結して雲になり、雲は雨や雪になって地上に降る。
- ▶ 暗色系の陸面は太陽光を吸収しやすく、氷原や砂地といった色の淡い陸面は太陽光を反射しやすいため、この吸収と反射の熱エネルギーが気候要素（気温、降水量等）に影響を与える。
- ▶ 社会・経済などの人間の活動にともなう温室効果ガスや熱エネルギーの排出は、温暖化やヒートアイランドなどにより気候要素（気温、降水量等）に影響を与える。
- ▶ 火山噴火によるエアロゾル（煙など温室効果ガス）の放出は太陽光を遮るなど気候（天候、気温等）に影響を及ぼす。

〔生物圏〕
生物圏の植生分布や、食物連鎖、炭素・窒素貯留、水収支などの生態系機能も直接的、あるいは間接的に気候要素に大きな影響を与えます。
（例）
- ▶ 生態系の食物連鎖（生産者・消費者・分解者）にともなう二酸化炭素（CO_2）やメタン（CH_4）、一酸化二窒素（N_2O）などの温室効果ガスの発生。
- ▶ 森林生態系には二酸化炭素（CO_2）を樹木や有機土壌などに形を変えて蓄積する炭素固定という働きがあり、森林破壊されると蓄積されていた二酸化炭素（CO_2）が大気中に大量に放出される。
- ▶ 気温の上昇や空気の乾燥にともない、土壌中の水分や植物（枝、幹、根など）に付着した水分が蒸発し、蒸発の潜熱が周辺の空気の熱を吸収（冷却）する。
- ▶ 樹木を中心とした緑化は、一定程度の太陽光を反射し、また伝導熱を抑制し、この熱収支が周辺の気候要素に影響を与える。

気候変動の脅威

地球温暖化にともなう地表及び大気の熱・エネルギー量の増加によって、異常

高温（熱波）や局地的大雨・短時間強雨・干ばつ（降雨パターンの激変）、台風、竜巻の増加・増強など、気候変動の「大きさ」と「頻度」は拡大します。そして、今までにない極端な気候変動によって地球生態系のバランスは崩れ、多くの生物は適応することができず生きていくことが難しくなります。人間も、洪水・高潮・土砂崩落など自然災害の頻発や、健康（熱中症、疫病など）への影響、水・食糧・生物資源の枯渇などによって生存の危機に直面することになります。

5 温暖化は、地球生態系の乱れ…不健全化

前述の1.2②「地球生態系の物質循環と環境保全機能」(P.22)及び1.2③「生態系の機能（恵み）」(P.28)のように、私たちの暮らしは地球生態系の機能（恵み）によって支えられている。しかしながら、近年の急激な人口増加や大量生産（化石燃料など大量採取）、大量消費、大量廃棄型の人間の社会・経済活動によって、地球生態系のエネルギー収支や水、炭素、窒素などの物質循環に変化が生じ、その結果、「安定的な気候」などの地球生態系の機能（恵み）に乱れが生じている。

前述の1.1⑥の「環境問題は、生態系の乱れ…不健全化」(P.15)のように、人間も生態系を構成する一員であり、生態系に支えられているとともに、人間の活動は生態系にさまざまな影響を及ぼす。人間の活動と地球生態系の関わりの強さは、地球生態系に廃棄する物質（廃棄物）と地球生態系から摂取する物質（資源物）の量と質による（図1.22）。

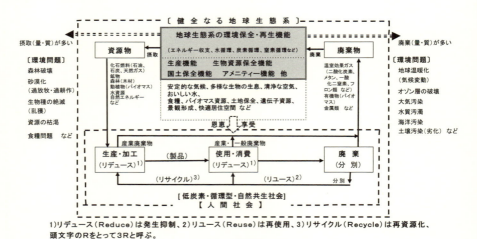

図1.22　人間社会と地球生態系の関わり

地球生態系での物質（エネルギー）循環が損なわれない自己保全・再生の範囲であれば、人間の諸活動にともなって、温室効果ガスや有機物（バイオマス）などを廃棄したり、森林（木材）や水、バイオマスなどの資源を摂取しても、地球生態系の環境保全・再生機能の破壊は起こらない。しかしながら、近年の急激な人口増加と大量生産（化石燃料など大量採取）、大量消費、大量廃棄型の社会・経済活動にともない、（1）温室効果ガスや有機物（バイオマス）の排出量（廃棄量）の増加、（2）森林伐採や土地利用の変化、（3）自己保全（浄化）されにくいフロン、PCB、農薬などの化学物質の排出、（4）生態系ピラミッド（自然環境）の破壊、などによって地球生態系への負荷が増大し、地球生態系の環境保全・再生機能が対応しきれなくなってしまい、物質循環のバランスに乱れが生じ、地球温暖化やオゾン層の破壊、大気汚染、海洋汚染などの地球規模の環境問題をもたらしている。温暖化などの地球環境問題は、地球生態系の乱れ…不健全化の問題である。

6 それでは、どうしたらよいのか？
―温暖化問題解決のための「地球生態系の保全対策」―

　前述1.2 5のように、現在直面する温暖化などの地球環境問題は、人間の諸活動（量と質）によってもたらされた地球生態系の乱れ…不健全化の問題である。

　「それでは、どうしたらよいのか？」基本的には1.1 7で述べた「生態系の保全対策」（P.17）と同様であり、地球の温暖化問題を解決し、豊かで持続可能な社会を実現するためには、健全な地球生態系を確保することが重要となる。ただし、地球生態系は森林生態系や海洋生態系などさまざまな生態系が集まって形成されており、地球生態系の保全対策を検討するにあたっては、温暖化の原因に関係する物質のそれぞれの生態系における収支や関連性をも考慮する必要がある。

地球生態系の保全対策

　地球生態系の保全対策として最も大切なことは「自然との共生」である。人間も生態系を構成する一員であり、生態系全体によって支えられているとともに人間の活動が生態系全体に大きな影響を与える。このことをしっかり認識して社会・経済システムや生活スタイルを見直し、地球生態系への負荷を低減して自然とともに生きることである。

　温暖化問題解決のための具体的な「地球生態系の保全対策」としては、地球温暖化問題に関係するとされる物質やエネルギー（二酸化炭素、メタン、一酸化二窒素、フロン類、有機物、有害化学物質、水、熱など）の地球生態系における物質循環のメカニズムを把握したうえで[注1]、「1．地球生態系への負荷の低減（持続可能な循環型地球環境の構築）」を図り、「2．不健全な地球生態系の修復と健全で恵み豊かな地球生態系の創出」を推進することが重要となる。

注1）地球生態系における物質循環のメカニズムが不明瞭な物質は使用（廃棄・摂取）しないことを原則とする。

1．地球生態系への負荷の低減（持続可能な循環型地球環境の構築）

　地球温暖化問題に関係する物質やエネルギー（二酸化炭素、メタン、一酸化二窒素、フロン類、有機物、有害化学物質、水、熱など）に関して、図1.22「人間社会と地球生態系の関わり」（P.42）に示す地球生態系から摂取する物質（資源物）と地球生態系に廃棄する物質（廃棄物）の収支を予測[注2]して、地球生態系の環境保全・再生能力の許容範囲を超える摂取や廃棄はしないよう、人間社会における物質・エネルギーの循環率を高め、地球生態系への負荷の低減を図る。これにより、安定的な気候や多様な生物の生息を可能にする健全な地球生態系を確保することができる。人間にとっては、地球生態系の豊かな恵みを享受し（P.29の図1.16を参照）、持続可能な社会を実現することが可能となる。

基本的な対策

a）人為起源の温室効果ガス（P.36の図1.20を参照）のうちで、地球温暖化に及ぼす影響が最も大きい二酸化炭素の排出源となる石炭、石油などの化石燃料の消費を削減する。対応策としては、省エネルギーや再生可能エネルギー利用の促進などがある。

b）二酸化炭素のもう一つの大きな排出源である「森林減少や土地利用の変化」への対策として、乱開発や酸性雨などによる森林破壊を防止する。また、過耕作・過放牧・過剰施肥・大規模焼畑などは控え、環境保全・循環型の農畜産業を推進する。

c）有機物（バイオマス）の廃棄・分解にともなう二酸化炭素やメタン、一酸化二窒素などの温室効果ガスの発生を抑えるため、循環型社会[注3]（リデュース、リユース、リサイクル）の構築を推進する。

d）有害化学物質（農薬、PCB、フロン類等）、放射性物質など、地球生態系における物質循環に適応しない、あるいはメカニズムが不明瞭な物質は使用（廃棄）しない。

注2）環境問題の原因となる対象物質・エネルギーは、他の物質・エネルギーやさまざまな生物と関連し合っているので、全体観に立って総合的に予測することが必要。また、生物反

応など反応速度が遅い場合もあり、経時的・長期的に判断することも必要。

注3）事例として、本書の付録資料3の全廃棄物の脱焼却・脱埋立・エネルギー資源化に向けた「地域分散型『次世代廃棄物処理システム』の構築」（P.191）を参照。

2．不健全な地球生態系の修復と健全で恵み豊かな地球生態系の創出

　地球生態系はエネルギーの収支や水、炭素、窒素などの物質循環が円滑に行われることで、多様な生物にとって必要な安定的な気候や清浄な空気、おいしい水など、健全で恵み豊かな環境が保障される。したがって、森林破棄・荒廃や砂漠化、海洋汚染や生物の乱獲など、人間の活動によって物質循環が損なわれている地球生態系の不健全化の関係（図1.23）を明確にして、それに沿って、不健全な地球生態系の修復と健全で恵み豊かな地球生態系の創出のための対策を講じ、人

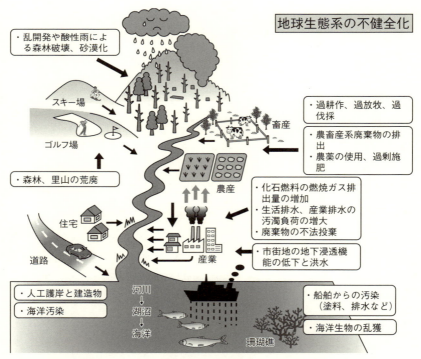

図1.23　人間の活動と地球生態系の不健全化の関係　　参考文献12) 13) 19)

間の諸活動と地球生態系(物質循環)を調和させ、自然との共生を図ることが重要となる。

基本的な対策

a) 森林の造成・保全、熱帯雨林の保全の促進を図る。
b) 砂漠化の防止、及び緑化の促進を図る。
c) 海洋生物(サンゴ類、原生動物、軟体動物、甲殻類、脊椎動物など)による炭酸カルシウム($CaCO_3$)の形成の促進を図る。
d) 野生生物の繁殖・成長が保障される生息環境の保全・修復・創出の促進を図り、多様な生物による健全な生態系ピラミッドの構築を推進する。

環境ミニセミナー マイクロプラスチック汚染とは…、生態系への影響、その対策

マイクロプラスチック汚染

河川や湖沼、海に行くと、流木や水草などに混じって、プラスチック製の製品や容器、レジ袋など多くのプラスチックごみを目にします(写真S.1、写真S.2)。

写真S.1 プラスチックごみ

写真S.2 プラスチック汚染

1章 温暖化問題解決のカギ"地球生態系"を学ぶ!

これらのプラスチックごみは、太陽光や熱、環境中の化学物質などによって、もろく砕けやすくなります。そして、水の流れにともない河川、湖沼から海域に移動し、この過程で、波にもまれたり砂礫などに接触して砕けて、より細かくなります。その中で、動植物プランクトンのように小さなプラスチックのごみ（直径5㎜以下）[注1]を「マイクロプラスチック」と呼んでいます。マイクロプラスチックには、上述のような自然環境中で破砕・細分化されたもののほかに、洗顔料・歯磨き粉等に含まれるマイクロビーズようなマイクロサイズで製造されたプラスチックもあります。

　流木や藻類は、微生物などの働きでやがては分解され、二酸化炭素や水などになって自然界に戻っていきますが、プラスチックごみは、いくら小さくなっても分解や蒸発してなくなることはなく、最終的にたどり着いた海域で存在し続けます。しかも、小さなプラスチックは、海の生き物がえさと間違えて食べてしまうことがあり、海の生態系への影響が懸念されています。

生物への影響

　プラスチックはさまざまな物質を付着（吸着）しやすいため、海に漂流している間に、海に溶け込んでいる有害物質も付着（吸着）します。また、人間が作り出したプラスチックそのものに有害な物質が添加（塗布）されていることもあります。マイクロプラスチックが図1.6（P.9）に示す海洋生態系の食物連鎖に取り込まれれば、それと同時に有害物質も取り込まれて、分解しにくい有害物質は生物濃縮によって蓄積し、海の生物全体にマイクロプラスチック汚染が高濃度で広がってしまいます。また、生物が栄養のないマイクロプラスチックを食べて満腹状態になれば、発育不良で生きていくことができません。このように、マイクロプラスチック汚染はさまざまな生物にさまざまな障害を起こします。

　実際に、魚や貝、水鳥などの体内からプラスチックや、そこから溶け出したと見られる有害物質が見つかっています。

対策

　世界経済フォーラム年次総会（通称ダボス会議2016）では、海洋ごみに関する

報告書が発表され、「世界のプラスチックの生産量は1964年～2014年の50年で20倍以上に急増（1,500万から3億1,100万t）し、今後20年間でさらに倍増する見込みであり、毎年少なくとも800万t分のプラスチックが海に流出し、海のプラスチックの量は2050年までには魚の量を上回ると試算（重量ベース）し、海など自然界への流出を防ぐ対策の強化が急務である」と指摘しています。

　マイクロプラスチック汚染の対策で最も重要なことは、人間社会におけるプラスチック類の3R（リデュース、リユース、リサイクル）を推進して循環率を高め、自然環境への廃棄を抑制し、生態系への負荷の低減を図ることです（1.2 ⑥P.44を参照）。また、生態系における物質循環のメカニズムが不明瞭なプラスチック類は使用（廃棄）しないことや、自然環境（農林水産・土木建築資材や野外活動など）で使用する場合は生分解プラスチック[注2]を利用することも重要になります。

注1）「マイクロ」は「100万分の1」のこと。1μmは100万分の1m、すなわち1,000分の1mmのこと。ここでは直径5mmより小さなプラスチックごみをマイクロプラスチックとしている。どれくらいの大きさまでをマイクロプラスチックに分類するかは、研究者によって違いがある。なお、環境省では2019年度、国際的な連携を強化して、マイクロプラスチックの測定方法（採取ネットの網の目の大きさなど）を共通化して国際比較しやすくすることを目指す。

注2）生分解プラスチックは、一般的には「使用するときには従来のプラスチック同様の性状と機能を維持しつつ、使用後は自然界の微生物などの働きによって生分解され、最終的には水と二酸化炭素に変換されるプラスチック」と定義づけられている。

2章
地球温暖化対策と技術

　1章では、地球生態系と温暖化について学び、現在、温暖化は大変深刻であり、持続可能な社会を実現するためには、人類生存の基盤である地球生態系に戻って温暖化問題を考え、CO_2負荷の低減などの地球生態系の保全対策を強く推進することが重要であることを確認した。

　本章では、1温暖化対策の動向及び方法、2温暖化対策技術と課題、3持続可能な社会実現のための温暖化対策技術（緩和・適応）をとりあげ、現状における温暖化対策技術と課題を把握し、「課題解決のためにはどうしたらよいのか」を考え、課題解決のためには、1章で学んだ生態系の食物連鎖や物質循環、環境保全・再生機能（生態系サービス）など、生態系を基調にした温暖化対策技術（緩和・適応）が重要であることを学ぶ。

1 温暖化対策の動向及び方法

温暖化対策の動向
【世界の動向】

気候変動に関する政府間パネル（環境ミニセミナー「IPCCとは」P.55を参照）の第5次評価報告書（AR5）には、次の内容が示されている。

a）気候システムの温暖化には疑う余地がなく、また1950年代以降、観測された変化の多くは数十年から数千年間にわたり前例のないものである。大気と海洋は温暖化し、雪氷の量は減少し、海面水位は上昇している。

b）人為起源の温室効果ガスの排出が、20世紀半ば以降に観測された温暖化の支配的な原因であった可能性が極めて高い。

c）ここ数十年、気候変動は、すべての大陸と海洋にわたり、自然及び人間システムに影響を与えている。

d）1950年頃以降、多くの極端な気象及び気候現象の変化が観測されてきた。これらの変化の中には人為的影響と関連づけられるものもあり、その中には極端な低温の減少、極端な高温の増加、極端に高い潮位の増加、及び多くの地域における強い降水現象の回数の増加が含まれる。

e）温室効果ガスの継続的な排出は、更なる温暖化と気候システムのすべての要素に長期にわたる変化をもたらす。これにより、人々や生態系にとって深刻で広範囲にわたる不可逆的な影響を生じる可能性が高まる。気候変動を抑制する場合には、温室効果ガスの排出を大幅かつ持続的に削減する必要があり、適応[注1]と併せて実施することで、気候変動のリスクの抑制が可能となるだろう。

f）21世紀終盤及びその後の世界平均の地表面の温暖化の大部分は二酸化炭素の累積排出量によって決められる。

g）1850〜1900年平均と比較した今世紀末（2081〜2100年）における世界平均

地上気温の変化は、温室効果ガスの排出を抑制する追加的努力のないシナリオでは2℃を上回って上昇する可能性が高く、厳しい緩和シナリオでは2℃を超える可能性は低い。

h）工業化以前と比べて温暖化を2℃未満に抑制する可能性が高い緩和経路は複数あるが、21世紀にわたって2℃未満に維持できる可能性が高いシナリオでは、世界全体の人為起源の温室効果ガス排出量が2050年までに2010年と比べて40％から70％削減され、2100年には排出水準がほぼゼロまたはそれ以下になるという特徴がある。

i）2030年まで追加的緩和が遅れると、21世紀にわたり工業化以前と比べて気温上昇を2℃未満に抑制することに関連する課題がかなり増えることになる。その遅れによって、2030年から2050年にかけて、かなり速い速度で排出を削減し、この期間に低炭素エネルギーをより急速に拡大し、長期にわたって二酸化炭素除去（CDR）技術[注2]に大きく依存し、より大きな経済的影響が過渡的かつ長期に及ぶことが必要になる。

j）適応及び緩和は、気候変動のリスクを低減し管理するための相互補完的な戦略である。今後数十年間の大幅な排出削減は、21世紀とそれ以降の気候リスクを低減し、効果的に適応する見通しを高め、長期的な緩和費用と課題を減らし、持続可能な開発のための気候にレジリエントな（強靱な）経路に貢献することができる。

k）多くの適応及び緩和の選択肢は気候変動への対処に役立ち得るが、単一の選択肢だけでは十分ではなく、これらの効果的な実施は、すべての規模での政策と協力次第であり、他の社会的目標に適応や緩和がリンクされた統合的対応を通じて強化され得る。

また、2015年11月にフランス・パリで開催されたCOP21（気候変動枠組条約第21回締約国会議）では、すべての国が参加する公平で実効的な2020年以降の法的枠組みの採択を目指した交渉が行われ、その成果として「パリ協定」が採択された。パリ協定では、気温上昇を2℃より十分低く保持すること、1.5℃に抑える努力を追求すること等を目的とし、この目的を達成するよう、世界の排出のピークをできる限り早くするものとし、人為的な温室効果ガスの排出と吸収源による

除去の均衡を今世紀後半に達成するために、最新の科学に従って早期の削減を目指すとされている。

　このように、IPCC 報告書（AR5）及びパリ協定により、21世紀にわたって温暖化を2℃未満に抑制すること[注3]、そのために2030年までに、さらに2050年にかけて、温室効果ガスの排出を大幅に削減し、今世紀末にはゼロにすること、また、温暖化対策に関する適応及び緩和は気候変動のリスクを低減し管理するための相互補完的な戦略として有効であるが、多くの適応及び緩和の選択肢は単一だけでは十分ではなく、すべての政策と協力して、他の社会的目標に適応や緩和をリンクさせた統合的な対応が重要であること、などが世界共通の目標、認識されることとなった。

注1）適応は「現実の又は予想される気候及びその影響に対する調整の過程。人間システムにおいて、適応は危害を和らげ又は回避し、もしくは有益な機会を活かそうとする。一部の自然システムにおいては、人間の介入は予想される気候やその影響に対する調整を促進する可能性がある」とされている。

注2）二酸化炭素除去（CDR）技術とは、①天然の炭素吸収源を増大させる、②化学工学を用いて二酸化炭素を大気中から直接除去する一連の技術である。

注3）2018年10月韓国で開催された IPCC 第48回総会にて「1.5℃の地球温暖化」と題した特別報告書が発表された。早ければ2030年には1.5℃に達する可能性を指摘し、猛暑や豪雨などの「極端気候」が増え続けると警告し、目標を「2℃未満」ではなく1.5℃に抑えることが望ましいとしている。

【日本の動向】

　1998年10月、温暖化対策を目的としたわが国最初の法律である「地球温暖化対策の推進に関する法律」（以下「地球温暖化対策推進法」）が公布成立した。2016年5月には、「地球温暖化対策推進法」及び「パリ協定を踏まえた地球温暖化対策の取組方針」（平成27年12月地球温暖化対策推進本部決定）に基づき、「地球温暖化対策計画」が策定された。

　また、温室効果ガスの削減を進めても世界の平均気温が上昇すると予測し、気候変動の影響に対処するためには、「適応」を進めることが必要であり、気候変動によるさまざまな影響に対し、政府全体として、全体で整合のとれた取り組みを

環境ミニセミナー IPCCとは

　IPCC（気候変動に関する政府間パネル：Intergovernmental Panel on Climate Change）は、人為起源による気候変化、影響、適応及び緩和方策に関し、科学的、技術的、社会経済学的な見地から包括的な評価を行うことを目的として、1988年に世界気象機関（WMO）と国連環境計画（UNEP）により設立された組織です。総会と3つの作業部会及び温室効果ガス目録に関するタスクフォース（特別チーム）により構成されています（図S.4）。

　各国政府（195ヶ国）を通じて推薦された科学者が参加して、5～6年ごとにその間の気候変動に関する科学研究から得られた最新の知見を評価し、評価報告書としてまとめ、公表されています。国際的な対策に科学的根拠を与える重みのある文書となるため、報告書は国際交渉に強い影響力をもちます。

　これまで、第1次報告書（1990年）、第2次報告書（1995年）、第3次報告書（2001年）、第4次報告書（2007年）、第5次報告書（2013年～2014年）が公表されています。

　2007年の第4次評価報告書を発表した際には、IPCCとアル・ゴア元米国副大統領がノーベル平和賞を受賞し、話題となりました。人為的な気候変化に関する広い知識の確立と普及、その変化に対処する必要手段の基礎を築き、地球温暖化に警鐘を鳴らすなどの功績が評価されたものです。

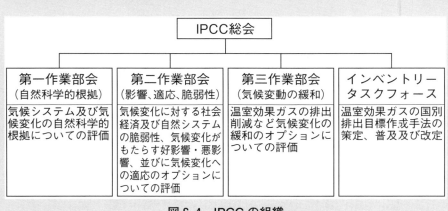

図S.4　IPCCの組織

総合的かつ計画的に推進するため、「気候変動の影響への適応計画」が平成27年11月に閣議決定された。平成30年6月には、「気候変動適応法」が公布され、我が国における適応策の法的位置づけが明確になり、国、地方公共団体、事業者、国民が連携・協力して適応策を推進するための法的仕組みが整備された。

気候変動対策の緩和策と適応策は相互補完的な関係であり、「地球温暖化対策推進法」と「気候変動適応法」の二つを礎にし、各計画に沿って、気候変動対策を推進していくことになる。

「地球温暖化対策計画」及び「気候変動の影響への適応計画」の概要は次のとおりである。

[地球温暖化対策計画]
1．概要

温室効果ガスの排出抑制及び吸収の量の目標、事業者、国民等が講ずべき措置に関する基本的事項、目標達成のために国、地方公共団体が講ずべき施策等の内容が示されている。

（1）温室効果ガス削減目標
- 2020年度に2005年度比3.8％減以上
- 2030年度に2013年度比で26.0％減（内訳は表2.1を参照）
- 2050年に80％減（長期的な目標）

表2.1　排出抑制・吸収の量に関する目標の内訳　参考文献2）

		2013年度実績 (百万t－CO_2)	2030年度目安	
			排出量 (百万t－CO_2)	削減率 (2013年度比)
エネルギー起源CO_2		1,235	927	▲25％
	産業部門	429	401	▲ 7％
	業務その他部門	279	168	▲40％
	家庭部門	201	122	▲39％
	運輸部門	225	163	▲28％
	エネルギー転換部門	101	73	▲28％
その他※		173	152.4	▲12％
各部門の削減目標の計（A）		1,408	1,079	▲23.4％

吸収源による2030年度吸収量の目安（B）		▲37.0	▲2.6%
A＋B	1,408	1,042	▲26.0%

※非エネルギー起源 CO_2、メタン（CH_4）、一酸化二窒素（N_2O）、代替フロン等（HFCs、PFCs、SF_6、NF_3）

(2) 計画期間
- 2016年5月13日から2030年度末まで

(3) 進捗管理
- 毎年進捗点検、少なくとも3年ごとに計画見直しを検討

2．目標達成のための主な対策・施策

○産業部門
- 産業界における自主的取組の推進
- 省エネルギー性能の高い設備・機器の導入促進
- 徹底的なエネルギー管理の実施（エネルギーマネジメントシステムの利用など）

○業務その他部門
- 建築物の省エネ化
- 省エネルギー性能の高い設備・機器の導入促進（LED、トップランナー制度など）
- 徹底的なエネルギー管理の実施（エネルギーマネジメントシステムの利用、省エネ診断など）
- エネルギーの面的利用の拡大

○家庭部門
- 国民運動の展開（クールビズなど）
- 住宅の省エネ化（新築省エネ基準適合義務化、既存省エネ改修）
- 省エネルギー性能の高い設備・機器の導入促進（LED、家庭用燃料電池など）
- 徹底的なエネルギー管理の実施（エネルギーマネジメントシステム、スマートメーターの利用など）

○運輸部門

- 自動車単体対策（EV、FCV など次世代自動車）
- 道路交通流対策
- 環境に配慮した自動車使用等の促進による自動車運送事業等のグリーン化
- 公共交通機関及び自転車の利用促進
- 低炭素物流の推進

○エネルギー転換部門
- 再生可能エネルギーの最大限の導入（固定価格買取制度、系統整備など）
- 電力分野の二酸化炭素排出源単位の低減（火力発電の高効率化など）
- 石油製品製造分野における省エネルギー対策の推進

○その他温室効果ガス及び温室効果ガス吸収源対策
- 非エネルギー起源 CO_2、CH_4、N_2O、代替フロン等の削減対策
- 森林吸収源対策
- 農地土壌炭素吸収源対策
- 都市緑化等の推進

3．目標達成への方途[注]
（1）省エネルギーによるエネルギー需要の抑制
（2）低炭素・脱炭素エネルギーへの変換
（3）森林等吸収源対策
（4）非エネルギー起源 CO_2、CH_4、N_2O、代替フロン等の削減対策

注）本書としての目標達成への方途（例）を図2.1に示した。

[気候変動の影響への適応計画]
1．基本的な考え方
（1）目指すべき社会の姿
　　気候変動の影響への適応策の推進により、当該影響による国民の生命、財産及び生活、経済、自然環境等への被害を最小化あるいは回避し、迅速に回復できる、安全・安心で持続可能な社会の構築。
（2）対象期間

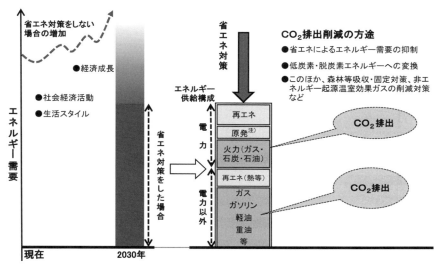

注) 本書「生態系に学ぶ！地球温暖化対策技術」では、地球生態系の物質循環に適応しない物質（ここでは、放射性物質や過剰なCO_2など）は使用・排出しないことを原則としているため、現状において上記方途（例）は暫定的なものになる。

図2.1　目標達成への方途（例）　（参考文献7）をもとに作成）

21世紀末までの長期的な展望を意識しつつ、今後おおむね10年間。
（3）基本戦略
- 政府施策への適応の組み込み
- 科学的知見の充実
- 気候リスク情報等の共有と提供を通じ理解と協力の促進
- 地域での適応の推進
- 国際協力・貢献の推進

（4）基本的な進め方
- 観測・監視や予測を行い、気候変動影響評価を実施し、その結果を踏まえ適応策の検討・実施を行い、進捗状況を把握し、必要に応じ見直す。このサイクルを繰り返し行う。
- おおむね5年程度を目途に気候変動影響評価を実施し、必要に応じて計画の見直しを行う。

2章　地球温暖化対策と技術　59

２．分野別施策
　○農業、森林・林業、水産業
　　影響：高温による一等米比率の低下や、りんご等の着色不良　等
　　適応策：水稲の高温耐性品種の開発・普及、果樹の優良着色系品種等への転
　　　　　　換　等
　○水環境・水資源
　　影響：水温、水質の変化、無降水日数の増加や積雪量の減少による渇水の増
　　　　　加　等
　　適応策：湖沼への流入負荷量低減対策の推進、渇水対応タイムラインの作成
　　　　　　の促進　等
　○自然生態系
　　影響：気温上昇や融雪時期の早期化等による植生分布の変化、野生鳥獣分布
　　　　　拡大　等
　　適応策：モニタリングによる生態系と種の変化の把握、気候変動への順応性
　　　　　　の高い健全な生態系の保全と回復　等
　○自然災害・沿岸域
　　影響：大雨や台風の増加による水害、土砂災害、高潮災害の頻発化・激甚化
　　　　　等
　　適応策：施設の着実な整備、設備の維持管理・更新、災害リスクを考慮した
　　　　　　まちづくりの推進、ハザードマップや避難行動計画策定の推進　等
　○健康
　　影響：熱中症増加、感染症媒介動物分布可能域の拡大　等
　　適応策：予防・対処法の普及啓発　等
　○産業・経済活動
　　影響：企業の生産活動、レジャーへの影響、保険損害の増加　等
　　適応策：官民連携による事業者における取組促進、適応技術の開発促進　等
　○国民生活・都市生活
　　影響：インフラ・ライフラインへの被害　等
　　適応策：物流、鉄道、港湾、空港、道路、水道、廃棄物処理施設、交通安全

施設における防災機能の強化　等
３．基盤的・国際的施策
　（１）観測・監視、調査・研究
　　●地上観測、船舶、航空機、衛星等の観測体制充実
　　●モデル技術やシミュレーション技術の高度化　等
　（２）気候リスク情報等の共有と提供
　　●気候変動適応情報にかかわるプラットフォームの検討　等
　（３）地域での適応の推進
　　●地方公共団体における気候変動影響評価や適応計画策定を支援するモデル事業実施、得られた成果の他の地方公共団体への展開　等
　（４）国際的施策
　　●開発途上国への支援（気候変動影響評価や適応計画策定への協力等）
　　●アジア太平洋適応ネットワーク（APAN）等の国際ネットワークを通じた人材育成等への貢献　等

温暖化対策の方法

　IPCCの第5次評価報告書では、「適応及び緩和は気候変動のリスクを低減し管理するための相互補完的な戦略であり、……持続可能な開発のための気候にレジリエントな（強靭な）経路に貢献することができる」（前述のＪ）として、適応策と緩和策の重要性を指摘している。また、気候変動のリスク低減の対策は大別して適応策と緩和策があるが、この2つの対策は単一の選択肢では十分でなく、「すべての規模での政策と協力次第であり、他の社会的目標に適応や緩和がリンクされた統合的対応を通じて強化され得る」（前述ｋ）として、統合的な対応が重要であることを指摘している。

　このようなIPCCの指摘を踏まえ、温暖化対策の体系を図2.2に示した。

　温暖化対策は「緩和策（mitigation）」と「適応策（adaptation）」に大別できる。

　それぞれの概要を以下に示す。緩和策の波及効果は広域的・部門横断的であり、適応策は地域限定的・個別的になる。

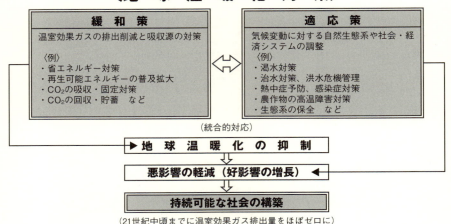

図2.2 地球温暖化対策の体系

【緩和策】

　緩和策とは、温暖化の原因物質である温室効果ガスの大気中濃度の上昇を抑制する対策であり、①省エネルギーや低炭素・脱炭素エネルギーへの変換を推進して、化石燃料の使用量を減らす、②発生した温室効果ガスを大気に排出する前に分離・回収・貯留する、③現存する森林を保護・管理するとともに植林を積極的に推進して大気中の二酸化炭素の吸収・固定量を増加させる、などの方法がある。

【適応策】

　適応策とは、気候変動に対して自然・人間・社会・経済システムを調整[注]することにより、温暖化の悪影響を軽減・回避する（または温暖化の好影響を増長させる）方法である。ただし、温暖化によって生じる影響は、農・林・水産業の分野や自然災害の分野、国民生活分野など、分野ごとに異なることから、適応策は、分野ごとに生じるそれぞれの影響に対するものになる。例えば、農業分野の「高温による生育障害や品質低下」の悪影響に対しては「高温耐性品種の開発・普及の推進」、また、自然災害分野の「水害や土砂災害」の悪影響に対しては「森林の整備・保全（水源涵養・土地保全）」、などである（表3.5「分野別影響と適応

策」P.144を参照)。

注) IPCC第5次評価報告書第2次作業部会報告書Box SPM.2においては、適応は「現実の又は予想される気候及びその影響に対する調整の過程。人間システムにおいて、適応は危害を和らげ又は回避し、もしくは有益な機会を活かそうとする。一部の自然システムにおいては、人間の介入は予想される気候やその影響に対する調整を促進する可能性がある。」とされている。

環境ミニセミナー 省エネ対策　熱の3Rの推進

わが国では一次エネルギーの約6割は有効に利用されずに排熱(未利用熱)として環境に排出されています。省エネルギー対策を実施するうえで重要になるのが熱(エネルギー)マネージメントです。具体的には、Reduce(発生抑制：熱の排出量を減らす)、Reuse(再利用：熱を再利用する)、Recycle(再エネルギー化：熱を変換して利用する)、この3つのRを推進して、熱(未利用熱)の排出を抑制することが重要になります(図3.10「熱(エネルギー)の3R」P.95参照)。

2 温暖化対策技術と課題

　温暖化対策は前述の図2.2「地球温暖化対策の体系」(P.62)に示すように「緩和策（mitigation）」と「適応策（adaptation）」に大別できる。緩和策は温暖化の原因物質である温室効果ガスに対する根本的な対策であり、もう一方の適応策は温暖化によってすでに生じている悪影響や予測される影響に対する対策となる。

　地球温暖化は地球規模の環境（公害）問題であり、環境（公害）問題の対策の基本は「源（原因）から断つ」であり、発生源対策が最も重要になる。温暖化の原因物質である温室効果ガスを排出させない、排出してしまったら広く拡散する前にできるだけ高濃度の状態で削減する、このような発生源に対する対策が重要となる。広く拡散して温暖化の影響が生じてしまった、または影響が予測されるところ（現象）への対策は、効率が悪く、高コストとなる。従って、温暖化対策も発生源に対する緩和対策（温室効果ガスの排出抑制と削減など）が基本であり、温暖化の影響に対する適応対策（気候変動の影響調整など）は応急的、または補完・暫定的な対策となる。

　なお、人為起源の温室効果ガスには、二酸化炭素（CO_2）のほか、メタン（CH_4）、一酸化二窒素（N_2O）、フロン類などがあり、どの種類の温室効果ガスであっても、「源（原因）から断つ」発生源対策が最も重要などの基本的な考え方は同じであるが、具体的な緩和技術はそれぞれに異なってくる。そこで緩和技術に関しては、以下よりは、温室効果ガスの中で地球温暖化に及ぼす影響が最も大きい二酸化炭素（CO_2）[注]に関した技術について述べる（「その他温室効果ガスの緩和技術」については3.1 ④ P.132を参照）。

注）わが国では、温室効果ガス総排出量（二酸化炭素換算量）の約93％を二酸化炭素（CO_2）が占め、極めて高いため、二酸化炭素の緩和策が特に重要になっている。（温室効果ガスインベントリオフィス2017発表を参考）

緩和技術（CO_2 の排出抑制と削減）

　緩和技術（CO_2 の排出抑制と削減）の概要を図2.3に示す。緩和技術は、大きく3つに分けられる。

```
◎ 緩和技術（CO₂の排出抑制と削減）  1)、2)、3)
  │
  ├─◎ ライフスタイルなどの変化による省エネルギー対策
  │     節電、公共交通機関の利用、アイドリングストップ、産業構造変化、3R（リデュース・
  │     リユース・リサイクル）の推進　など
  │
  ├─ 1) CO₂の排出抑制技術（化石燃料の使用量の削減）
  │     ┌─ 省エネルギー・エネルギー使用効率の向上
  │     │  ・家電製品、生産設備、自動車、船舶等の省エネ化技術
  │     │  ・高効率エネルギー利用技術（ハイブリッド・燃料電池自動車、高効
  │     │    率エアコン、ヒートポンプなど）
  │     │  ・高効率エネルギー転換技術（コンバインサイクル発電技術、燃料電池発
  │     │    電など）
  │     │  ・コジェネレーション化（内燃機関、燃料電池など）
  │     │
  │     └─ 一次エネルギーの低炭素化・脱炭素化
  │        ・天然ガスなどH/C比の大きい燃料への転換、重質油の軽質化
  │        ・バイオマス（再生可能資源）の燃料化（発電、ガス化・液化）
  │        ・再生可能（自然）エネルギーの利用（太陽光・熱、水力、風力、地
  │          熱、波力など）
  │        ・原子力エネルギーの利用（安全性及び生態系への影響がないことが
  │          前提）注)
  │
  ├─ 2) CO₂分離・回収・貯留技術（大気への発散を抑制）
  │     ┌─ 排ガス中のCO₂の除去・固定
  │     │  ・発電所、製鉄所、セメント工場などの大規模発生源からCO₂を分離
  │     │    ・回収する技術
  │     │  ・分離技術（吸収法、吸着法、膜分離法、蒸留法）
  │     │  ・貯蔵技術（海洋吸収・固定、鉱物固定、炭酸塩固定、地中貯留）
  │     │  ・人工光合成、光化学的還元反応など化学的利用技術
  │     │  ・工業原料化（尿素、ソーダ灰など）
  │
  └─ 3) CO₂を吸収・固定技術（大気中のCO₂の削減）
        ┌─ 地球生態系によるCO₂の吸収・固定
        │  ・森林の造成・保全（特に熱帯雨林の保全）、植林・大規模緑化、砂
        │    漠化の防止、遺伝子組み換え技術など植物による回収の促進
        │  ・海洋生物によるCaCO₃の形成（サンゴ礁、原生動物、軟体動物、
        │    甲殻類、脊椎動物など）の促進
        │  ・海洋のCO₂固定能力の強化（鉄散布など）
```

注) 本書「生態系に学ぶ！地球温暖化対策技術」では、地球生態系の物質循環に適応しない物質（ここでは、放射性物質）は使用しないことを原則としている。

図2.3　緩和技術（CO_2 の排出抑制と削減）の概要　　参考文献3) 4)

1）CO_2 の排出を抑制する技術（化石燃料の使用量を減らす）
2）排出された CO_2 を大気に拡散する前に分離・回収・貯留する技術（大気への発散を抑制する）
3）大気に発散した CO_2 を吸収・固定する技術（大気中 CO_2 濃度を減らす）

1）CO_2 の排出を抑制する技術（化石燃料の使用量を減らす）

1）の技術は、「源（原因）から断つ」、CO_2 の発生源に対する技術である。上述したように緩和技術は発生源対策が最も重要となる。CO_2 の発生源となる化石燃料の使用量をゼロにして、一切使わないということは現実考えられないが、むだを減らして効率よく使用し（省エネルギー）、そのうえで必要なエネルギーは、低炭素・脱炭素のエネルギー（自然エネルギーなど）に変換すれば、化石燃料への依存量を減らすことはできる。地球の天然ガスや石炭、石油など化石燃料は無尽蔵ではないのでいずれ枯渇するため、代替エネルギーとして自然エネルギーなど脱炭素エネルギーへの変換を確実に推進することが必要である。ただし現状では、原子力は安全性と放射性廃棄物の生態系への影響などが懸念され、また、太陽光・熱、水力、風力、バイオマスなどの再生可能エネルギーは、最近コストは下がってきたが、気象の影響を受け不安定であり、安定供給するためのバックアップ電源や電力・エネルギー貯蔵（蓄電や蓄エネルギー）などに付加的なコストが必要になるなどの課題がある。

2）排出された CO_2 を大気に拡散する前に分離・回収・貯留する技術（大気への発散を抑制する）

2）の技術は、広く拡散する前にできるだけ高濃度の状態で除去する、CO_2 の大気への発散を抑制する技術である。火力発電所や製鉄所、セメント工場などの大規模の発生源から発生する CO_2 を大気に拡散する前にできるだけ高濃度の状態で分離・回収・貯留する技術である。この技術は、大規模の発生源から多量に排出される CO_2 を分離・回収・貯留することができ、地球温暖化防止に貢献できる技術として最近注目されているが、CO_2 の分離・回収・貯留の工程における高コスト・エネルギー消費、貯留 CO_2 の漏洩などの課題がある。このため、分離・

回収・貯留の工程部分だけでなく、事業全体を通して、ライフサイクルとしてのコスト・エネルギー消費（CO_2削減）・環境アセスメントの総合的な評価・判断が必要になる。

3）大気に発散したCO_2を吸収・固定する技術（大気中CO_2濃度を減らす）

　3）の技術は、大気中のCO_2を減らす技術である。森林の保護・管理や植林、海洋生物による$CaCO_3$形成促進などに関するCO_2吸収・固定技術がある。森林の保護・管理（特に熱帯雨林）や大規模な植林などによるCO_2吸収・固定技術は、1）や2）の方法に比べて地球温暖化を防止する方法として有効で簡単なように思われがちであるが、熟練の人手が必要、効果が出るまでの経年数が長い、改変された土地（土壌）の回復は容易ではない。そのうえ、世界的に人口が増加し（特に途上国）、煮炊き用燃料、家、農地などの需要が伸びているという現状もあり、難しい課題を多く抱えている。また、海洋生物による$CaCO_3$形成促進などのCO_2吸収・固定技術は、サンゴ類など特定の生物にCO_2を固定させるため、海洋生態系全体のバランスを崩さないよう、物質循環や生態系ピラミッドなどに十分な配慮が必要である。

　以上のように緩和技術には1）、2）、3）の技術がある。最も重要で望ましいのは1）の「源（原因）から断つ」発生源に対する技術である。2）の技術は、化石燃料はいずれ枯渇するし、できるだけ早めに使用するのを止めて残余量は未来の人々のためにも残さなければならないので、それまでの暫定的な技術になる。持続可能な社会を実現するためには1）と3）の技術が基本になるが、1）と3）の技術の課題解決までは2）の技術との組み合わせも検討し、全体としてのCO_2緩和効果やコストのほか、ライフルサイクルアセスメント（LCA）など総合的な評価・判断をしながら、大気中CO_2の緩和（排出抑制と削減）を推進していくことが必要である。

適応技術（気候変動の影響調整）

　適応技術とは、気候変動の悪影響を防止・軽減し、あるいは好適な環境への変

換を図るため、気候変動の影響に対して自然・人間・社会・経済システムを調整する技術である。気候変動の影響はすでに起こりつつあり、また、将来さらに激化が予想されるため、この気候変動に対して、1）短期的な適応技術と2）中長期的な適応技術の2種類が必要となる。

1）短期的な適応技術

現在すでに起こりつつある、または10年以内に予測される気候変動の悪影響の防止・軽減のため、可能な限り速やかに対処すべき適応技術。

［例］
- 高山帯の植物の減少、サンゴの白化等に対する保護など
- 農作物の品質低下・収量低下に対する、高温耐性品種の導入や適切な栽培手法の採用
- 海面上昇などへの対策や、狭領域・短期集中型の豪雨被害の増加に対する危機管理体制の強化、早期警戒システムの整備
- 自然災害の増加に対する浄水場における自家発電装置等の整備・強化など

2）中長期的な適応技術

10～100年後予測される気候変動の悪影響の防止・軽減のため、気候変動に起因する可能性の高い悪影響に対処する適応技術。

［例］
- 河川／海岸堤防の整備や既存施設の機能向上等
- 影響を受ける地域の土地利用の規制、誘導
- 生態系ネットワークの構築（地球生態系の保全対策）
- 感染症発生予防のための施策強化
- 既存の予測手法を活用し、30～50年後の気候変動の影響を加味した世界の食料需給システムの開発
- 近年の渇水の頻発に備えた計画的な水道水源の開発

以上のように適応技術は、予測される気候変動の影響を1）短期的と2）中長期的にわけて、それぞれに対処する内容となる。

ただし、適応技術は、気候変動の悪影響の防止・軽減のため、気候変動の影響

に対して自然・人間・社会・経済システムを調整する技術であり、1）短期的な適応技術の例に挙げたような「高山植物やサンゴの保護」、「農作物の品種改良や栽培方法の変更」などは、特定の生物種にとって好影響になっても他の生物種や生態系全体にとっては悪影響になる場合もある。生態系は水や大気、土壌などにおける物質循環や、生物間の食物連鎖などを通じて、絶えず構成要素を変化しながら全体としてバランスを保っているため、人為的に生態系を調整（操作・管理）する技術は、このバランスに配慮しながら進めていくことが重要となる。また、どの場所でどのような気候変動が起きるかを正確に予測することは困難であり、復元の容易性など、変化する気候要素に柔軟に対応できる技術であるか検討しておくことも重要である。さらに、2）中長期的な適応技術の例に挙げたような「河川／海岸堤防の整備や既存施設（コンクリート建造物）の機能向上等」などについても、生物の生息環境へ悪影響などが懸念されるため、事前・事後の環境影響調査が重要になる。なお、2）中長期的な適応技術の例に挙げた「生態系ネットワークの構築（地球生態系の保全対策）」は、健全で恵み豊かな地球生態系を創出することになり、健全な生態系が有する環境保全・再生機能や国土保全機能などの多くの機能（恵み）によって気候変動の悪影響の防止・軽減のほか、気候変動のストレスにも対処することができ、緩和技術（CO_2吸収・固定）のみならず適応技術としても極めて有効である（1.2⑥の「地球生態系の保全対策」P.44参照）。本書「生態系に学ぶ！地球温暖化対策技術」の趣旨も、ここにある。

3 持続可能な社会実現のための温暖化対策技術（緩和・適応）
—"生態系に学ぶ"重要性—

　前節の①「温暖化対策の動向及び方法」（P.52）、及び②「温暖化対策技術と課題」（P.64）から、以下のことを確認することができた。
1. 温暖化対策は「緩和策（mitigation）」と「適応策（adaptation）」とに大別でき、緩和策は温暖化の原因物質である温室効果ガスに対する根本的な対策であり、適応策は温暖化によってすでに生じている悪影響や予測される影響に対する対策となる。
2. 温暖化対策技術は緩和技術（温室効果ガスの排出抑制と削減）が基本であり、適応技術（気候変動の影響調整）は応急的、または補完・暫定的な技術となる。
3. 化石燃料はいずれ枯渇するし、できるだけ早めに使用するのを止めて残余量は未来の人々のためにも残さなければならない。従って、緩和技術は、化石燃料の使用量を減らすための省エネルギーや自然エネルギー利用などの技術（CO_2の排出抑制技術）と、大気中のCO_2を森林や海洋生物など地球生態系に吸収・固定する技術が基本になる。

　これらの点を踏まえて、持続可能な社会を実現するためには「地球温暖化対策技術」はどうあるべきかについて検討する。

地球温暖化対策技術 —"生態系に学ぶ"重要性—

　1章の1.2⑤「温暖化は、生態系の乱れ…不健全化」（P.42）でも述べたが、地球生態系のエネルギー収支や水、炭素、窒素などの物質循環が損なわれない自己保全・再生の範囲であれば、人間の諸活動にともなって温室効果ガスを排出したり、森林（木材）など資源を摂取しても地球生態系の環境保全・再生機能の破壊は起こらない。従って、この範囲であれば持続可能な社会の実現は可能である。しかしながら、近年の急激な人口増加と大量生産（化石燃料など大量採取）、大量

消費、大量廃棄型の人間の社会・経済活動にともない、（1）温室効果ガスの排出量の増加、（2）森林伐採や土地利用の変化、（3）自己保全（浄化）されにくいフロン、PCB、農薬などの化学物質の排出、（4）生態系ピラミッド（自然環境）の破壊、などによって地球生態系への負荷が増大し、地球生態系の環境保全・再生機能が対応しきれなくなってしまい、物質循環のバランスに乱れが生じ、地球温暖化やオゾン層の破壊などの地球規模の環境問題をもたらしている。特に、石炭、石油、天然ガスなどの化石燃料は数億年前頃からの地球生態系の産物（バイオマスが長い年月を経て変化した生成物）であり、これを産業革命以降短期間に大量採取、大量消費することで、現在の地球生態系へのCO_2負荷が増大し、地球生態系の環境保全・再生機能が対応できず、急激な温暖化現象をもたらしている。温暖化などの地球環境問題は、地球生態系の乱れ…不健全化の問題である。

ゆえに、温暖化問題解決のためには、緩和策としての「地球生態系の保全対策」が最も重要であり、具体的には地球温暖化問題に関係するとされる物質・エネルギー（二酸化炭素、メタン、一酸化二窒素、フロン類、有機物、有害化学物質、水、熱など）の地球生態系における物質循環のメカニズムを把握したうえで、「1．地球生態系への負荷の低減」と、「2．不健全な地球生態系の修復と健全で恵み豊かな地球生態系の創出」が必要である（基本的な対策はP.44～P.47を参照）。

また、健全で恵み豊かな地球生態系は、環境保全・再生機能や国土保全機能などの多くの機能（恵み）によって、気候変動の悪影響の防止・軽減のほか、気候変動のストレスにも対処することができることから、自然・人間システムを調整する適応策についても、気候変動による人間と地球生態系との不健全な関係（環境影響）を明確にして、それに沿って対策を講じ、人間の諸活動と地球生態系（食物連鎖、物質循環、生態系ピラミッド）を調和させ、自然と共生していくことが重要となる。

以上のように、緩和策と適応策ともに、生態系の食物連鎖、物質循環、環境保全・再生機能（生態系サービス）など生態系に学び、それを基調にした温暖化対策技術（緩和・適応）が重要であり、これによって持続可能な社会の実現が可能となる。

料金受取人払郵便

長野東局
承認

592

差出有効期間
令和 7 年 8 月
31 日まで
(切手をはらずにご
投函下さい。)

郵 便 は が き

3 8 1 - 8 7 9 0

長野県長野市

柳原 2133-5

ほおずき書籍㈱行

|ɪｌｌ"ɪｌｌｌ·ɪ·ɪｌｌｐ·ɪｌｌｌ·····ｌ·ｌ·ｌ·ｌ·ｌ·ｌ·ｌ·ｌ·ｌ·ｌ·ｌ·ｌ·ｌ·ｌ·ｌ·ｌ|

郵便番号 □□□-□□□□

ご住所　　都道府県　　　郡市区

電話番号（　　　）　－

フリガナ		年齢	性別
お名前		歳	男・女

ご職業

メールアドレス　　　　　新刊案内メール配信を
　　　　　　　　　　　□希望する　□しない

▷ **お客様の個人情報を保護するため、以下の項目にお答えください。**
　○このハガキを著者に公開してもよい➡(はい・いいえ・名前をふせてならよい)
　○感想文を小社 web サイト・　➡(はい・いいえ) ※匿名で公開されます
　　パンフレット等に公開してもよい

■■器■器■器■器　愛読者カード　■■器■器■器■器

タイトル	
購入書店名	

● ご購読ありがとうございました。
　本書についてのご意見・ご感想をお聞かせ下さい。

● この本の評価　　悪い　☆　☆　☆　☆　☆　良い

●「こんな本があったらいいな」というアイディアや、ご自身の
　出版計画がありましたらお聞かせ下さい。

● 本書を知ったきっかけをお聞かせ下さい。
- [ ] 新聞・雑誌の広告で（紙・誌名）＿＿＿＿＿＿＿＿＿＿＿＿＿＿
- [ ] 新聞・雑誌の書評で（紙・誌名）＿＿＿＿＿＿＿＿＿＿＿＿＿＿
- [ ] テレビ・ラジオで　[ ] 書店で　　　[ ] ウェブサイトで
- [ ] 弊社DM・目録で　[ ] 知人の紹介で　[ ] ネット通販サイトで

■ 弊社出版物でご注文がありましたらご記入下さい。
▶ 別途送料がかかります。※3,000円以上お買い上げの場合、送料無料です。
▶ クロネコヤマトの代金引換もご利用できます。詳しくは☎(026)244-0235
　までお問い合わせ下さい。

　タイトル＿＿＿＿＿＿＿＿＿＿＿＿＿＿＿＿＿＿＿＿　＿＿＿冊

　タイトル＿＿＿＿＿＿＿＿＿＿＿＿＿＿＿＿＿＿＿＿　＿＿＿冊

3章

生態系に学ぶ！ 地球温暖化対策技術
―生態系の機能(恵み)を活用した対策技術―

　前章では、現状における温暖化対策技術と課題を把握し、温暖化問題解決のためには生態系の物質循環や生態系の環境保全・再生機能（生態系サービス）など生態系を基調にした温暖化対策技術（緩和技術と適応技術）が重要であり、これによって持続可能な社会の実現が可能となることを学んだ。特に近年の地球生態系は、産業革命以降の化石燃料の大量採取・大量消費によってCO_2排出量が増加し、加えて、人口の増加にともない熱帯雨林など森林の破壊（伐採や土地利用の変化）によってCO_2排出量が増加するとともに吸収・固定源が減少し、環境保全・再生機能が対応できず、その結果、急激な温暖化現象をもたらしている。温暖化などの地球環境問題は、地球生態系の乱れ…不健全化の問題であり、早急に「地球生態系の保全対策」を実施することが必要である。

　本章では、生態系の機能（恵み）を活用した温暖化対策技術（緩和技術と適応技術）を紹介する。1.2③「地球生態系の機能（恵み）」（P.28）で述べたように、生態系の機能（恵み）には、安定した気候や清浄な空気（酸素供給）、おいしい水（水質浄化）、土地保全、生物保全、自然エネルギー、鉱物資源、農林水産物、遺伝資源（薬・品種改良等）、バイオマス（植物・動物・微生物）などがあり、人類に多様な恩恵を持続的に与えてくれる。本章では、この機能（恵み）を有効に活用した温暖化対策技術を取り上げている。なお、温暖化対策技術は緩和

技術（温室効果ガスの排出抑制と削減）と適応技術（気候変動の影響調整）に大別されるため、3.1「生態系の機能（恵み）を活用した緩和技術」、3.2「生態系の機能（恵み）を活用した適応技術」のそれぞれに分けて紹介する。

3.1 生態系の機能(恵み)を活用した緩和技術

　生態系の機能（恵み）を活用した緩和技術とは、温暖化の原因物質である温室効果ガスの大気中濃度の上昇を抑制するために、生態系の機能（恵み）である自然エネルギーやバイオマス、森林、海洋生物などを活用して、1）省エネルギーや低炭素・脱炭素エネルギーへの変換を推進して、化石燃料の使用量を減らしCO_2の排出を抑制する、2）森林や海洋生物を保護・管理するとともに、不健全な生態系の修復と恵み豊かな生態系の創出を積極的に推進して、大気中のCO_2の吸収・固定量を増加する（大気中CO_2濃度を減らす）、などに関する技術である。ここでは、以下に示す①～④の技術をとりあげて、それぞれの方法(特徴)、効果（メリット）、課題（デメリット）、用途（事例）などについて紹介する。

① 自然エネルギー（再生可能エネルギー）の利用 ･････････････････････ 77
　1．再生可能エネルギーとは ････････････････････････････････････ 77
　2．再生可能エネルギーの特徴と課題 ････････････････････････････ 78
　3．代表的な再生可能エネルギーの概要 ･･････････････････････････ 83
　　（1）太陽光発電 ･･ 83
　　（2）風力発電 ･･ 85
　　（3）水力発電 ･･ 86
　　（4）地熱発電 ･･ 88
　　（5）自然界に存在する熱エネルギーの利用（太陽熱、未利用熱など）･･･ 90
② バイオマス資源の活用 ･･･ 99
　1．バイオマス資源とは ･･ 99
　2．バイオマス資源のエネルギー利用 ････････････････････････････ 100
　3．バイオマスエネルギーの特徴 ････････････････････････････････ 102
　4．バイオマスエネルギーの利用形態（用途）････････････････････ 102
　　（1）バイオマス発電 ･･ 103
　　（2）バイオマス熱利用 ･･････････････････････････････････････ 107

（３）バイオマス輸送燃料 ……………………………………………… 111
③　バイオマスによる CO_2 の吸収・固定 …………………………………… 116
　　（１）森林や砂漠緑化等の陸上植物による CO_2 吸収・固定 ……………… 116
　　（２）海洋生物による CO_2 吸収・固定 ………………………………… 126
④　その他温室効果ガスの緩和技術 ……………………………………… 132
　　（１）メタン（CH_4）の緩和技術 ……………………………………… 132
　　（２）一酸化二窒素（N_2O）の緩和技術 ……………………………… 134
　　（３）フロン類等の緩和技術 ……………………………………………… 137

1 自然エネルギー(再生可能エネルギー)の利用

1. 再生可能エネルギーとは

　我々人間が利用することが可能な自然エネルギーとしては、太陽光、太陽熱、風力、水力、地熱、波力、潮汐力、海流、バイオマスなどがある。これらのエネルギーの多くは、太陽エネルギーを起源とするものであり、繰り返して持続的に使うことができ、また、利用しても直接的には地球温暖化に影響を与えないクリーンで再生可能なエネルギーである。わが国の法律(「エネルギー供給事業者による非化石エネルギー源の利用及び化石エネルギー原料の有効な利用の促進に関する法律」第二条第三項)では、次のように定められている。

[再生可能エネルギー源]
　i　非化石エネルギー源のうち、エネルギー源として永続的に利用することができると認められるもの
　ii　利用実効性があると認められるもの
　　1　太陽光
　　2　風力
　　3　水力
　　4　地熱
　　5　太陽熱
　　6　大気中の熱その他の自然界に存する熱(前2号に掲げるものを除く)
　　7　バイオマス(動植物に由来する有機物であってエネルギー源として利用することができるものをいう)

2. 再生可能エネルギーの特徴と課題

　エネルギーの再生可能エネルギーへの変換は、CO_2の排出量削減と同時に貴重な化石燃料資源を次世代に残すことができ、持続可能な低炭素社会の創出のために重要であるが、その一方で、コスト水準がこれまでの化石燃料起源のエネルギーと比較するとまだ高いこと、気象条件の影響を受けやすく供給が不安定であること、景観の悪化や騒音等の環境影響が懸念されること、などの課題が残されている。

A) コスト水準[注1]

　再生可能エネルギーの発電コストの水準は全般的に高い。太陽光発電やバイオマス発電などの発電コストは、火力発電（LNG）と比較すると、2～3倍程度の水準である。太陽光発電は天気に左右され、また昼間しか発電できないために設備利用率が低いのが高コストの原因である。図3.1は太陽光発電などの再生可

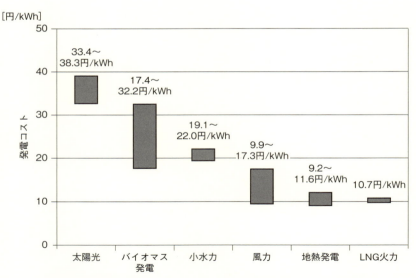

出典：「コスト等検証委員会報告書」（2011,エネルギー・環境会議　コスト等検証委員会）より NEDO作成

図3.1　発電コストの比較（例）　参考文献1）

能エネルギーと火力発電（LNG）の発電コストを比較したものであるが、太陽光発電は2011年の時点で33.4〜38.3円/kWhと高い。またバイオマス発電は、散在するバイオマス資源の収集・運搬などにコストがかかる点がコスト高の原因となっている。一方、地熱発電のコストは火力発電と遜色ない水準にあり、また風力発電についても風況の良い場所に設置し、高い設備利用率を確保できれば既存電源と同等レベルになり得る。再生可能エネルギー普及のためには、技術開発のさらなる推進や市場拡大による量産効果などにより、発電コストを一層低減していくことが求められている（NEDO再生可能エネルギー白書第2版. 2014）。

注1) 国際再生可能エネルギー機関（IRENA）は、再生可能エネルギーの発電コストが2010年から7年間で大幅に下がり、世界平均で太陽光は73％、陸上の風力は23％下落したとの報告書をまとめた。20年までに太陽光のコストはさらに半減する可能性があり、一部の太陽光と陸上風力は、火力発電より安くなると予測している（2018. 2）。

B）供給の安定性

再生可能エネルギーは電源の中でも、地熱発電、水力発電、バイオマス発電は火力発電と同様に出力が安定的で出力調整も可能な電源であり、系統への影響は比較的少ないが、太陽光発電や風力発電のような気象条件によって出力が変動する電源については、大量に導入された場合にさまざまな系統への影響が指摘されている。例えば、休日など需要の少ない時期に余剰電力が発生したり（需給ギャップの発生）、天候などの影響で出力が大きく変動することで系統の周波数が変動し、電力の安定供給に問題が生じる可能性がある。このため、補完的な調整電源や蓄電池との組み合わせなど、安定した電力供給を確保する対策が必要となる。

わが国では2011年3月以降、原子力発電への信頼が大きく揺らぎ、今後予想される再生可能エネルギー発電の普及・拡大に向けて、安定した電力を供給することができるスマートグリッドへの期待が高まってきている。スマートグリッド（smart grid）は「賢い電力網」あるいは「次世代電力網」と訳される。非常に多くの多様な分散型電源（太陽光発電・風力発電等の再生可能エネルギー）や大規模発電設備（原子力発電・火力発電設備等）、電力貯蔵施設（蓄電池・揚水式水力発

電・空気圧縮電力貯蔵等）と共存して、電力網に高度な通信機能や監視機能を付け加えることができ、これにより需要に合った最適かつ安定的な質の高い電力供給の実現が可能となる（図3.2）[注2]。

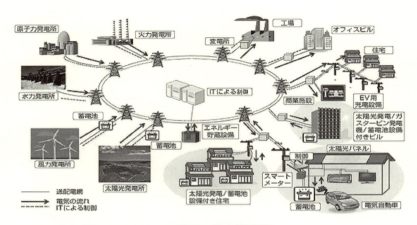

図3.2　スマートグリッドの概念図　参考文献2）

注2）事例として、本書の付録資料に筆者考案の政策提言「地域に存在する多様な再生可能エネルギー源を活用した『4 地域分散型再生可能エネルギーシステムの構築』（スマートグリッド日本版）」（P.197）を掲載。

C）再生可能エネルギー源の性能（CO_2削減効果）

再生可能エネルギー源の性能の指標として、EPT（エネルギーペイバックタイム）と EPR（エネルギー収支比）が用いられる（図3.3）。

EPT（エネルギーペイバックタイム）は、設備の製造から運転、廃棄に至るまでに投入されるエネルギー量 Ein が、設備の運転によって生産（発電）されるエネルギー量 eav をもって回収できる期間のことで、次式で表される。

$$EPT［年］＝ライフサイクル中に投入されるエネルギー量 Ein / 1年間で生産（発電）されるエネルギー量 eav$$

EPT（エネルギーペイバックタイム）は短いほど再生可能エネルギー源としての性能は優れ、CO_2削減の効果は高い。

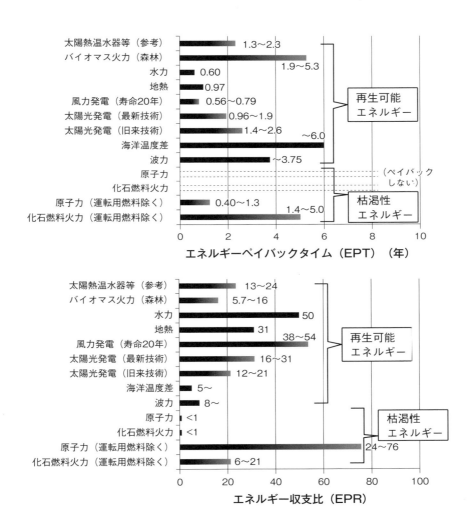

図3.3 EPT と EPR（例） 参考文献３）

EPR（エネルギー収支比）は、設備の製造から運転、廃棄に至るまでに投入されるエネルギー量 Ein に対して、どれだけたくさんのエネルギー量 Eav を得られるか（発電によって、どれだけのエネルギー消費を回避できたか）を示すもので、CO_2 削減効果の評価にも用いられ、次式で表される。

EPR［収支比］＝ライフサイクル中に生産（発電）されるエネルギー量 Eav
／ライフサイクル中に投入されるエネルギー量 Ein

$= eav・×$ 稼働期間 $Tlifetime/Ein = Tlifetime/EPT$

EPR（エネルギー収支比）は大きいほど再生可能エネルギー源としての性能は優れ、CO_2 削減の効果は高い。

D）環境影響

再生可能エネルギーの導入は、化石燃料の使用量を減らし CO_2 の排出量を削減することができ、地球温暖化の緩和技術として有効ではあるが、その一方で、地域レベルの環境問題においてはさまざまな課題がある。

［環境への影響（例）］

　太陽光発電：景観阻害、土砂流出（傾斜地）、生態系への影響（大規模の場合）

　風力発電：バードストライク、騒音・振動、景観阻害、航行阻害（洋上）

　水力発電：生態系への影響、豪雨災害

　地熱発電：温泉資源への影響、自然公園（国定公園など）への懸念

　バイオマス発電：大気汚染、水質汚濁（水洗、脱水など）、悪臭、騒音・振動、生態系への影響　等

［環境関連法令］

　大気汚染防止法、水質汚濁防止法、騒音規制法、振動規制法、悪臭防止法、土壌汚染防止法、生物多様性基本法、自然公園法、絶滅のおそれのある野生動植物の種の保存に関する法律、景観法、森林法、河川法、水産資源保護法、農地法、工場立地法、砂防法、地すべり等防止法、環境影響評価法、電気事業法、県条例、市町村条例　等

再生可能エネルギーの導入にあたっては、関係法令を遵守することはもとよ

り、1）地域環境の事前調査、2）その結果をもとにした実施計画、3）導入後の事後調査・評価（環境モニタリング）が必要となる。また、これらのデータを公開することにより、地域の信頼と協力を得ることができ、再生可能エネルギー事業を円滑に進めるうえで重要となる。

3．代表的な再生可能エネルギーの概要

代表的な再生可能エネルギーの概要を「NEDO 再生可能エネルギー技術白書第2版（2014）」をもとに紹介する。

（1）太陽光発電

太陽光発電は太陽電池を使った発電である。太陽電池は半導体の一種（色素を使う場合もある）で光エネルギーを直接電気に変える。太陽電池は、地球温暖化の原因となる二酸化炭素や有害な排気ガスを出さず、太陽がある限り発電し続けるクリーンな発電装置である。最近の技術開発により、光から電気に変える効率（変換効率）が向上し、コストも下がってきたため、住宅用の電源などで着実に普及・拡大しているが、他の再生可能エネルギーと比べると依然として発電コスト

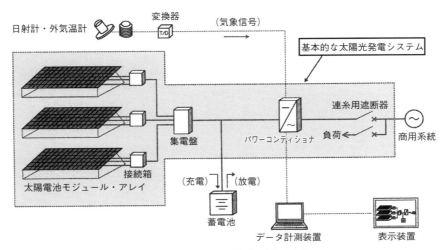

図3.4　太陽光発電のシステム構成（代表例）　参考文献1）

は高い。

　太陽光発電システムは、太陽の光を電気（直流）に変える太陽電池と、その電気を直流から交流に変えるインバータなどで構成されている（図3.4）。現在、日本で多く導入されている住宅用太陽光発電システムでは、発電した電気は室内で使うが、電気が余った時には電力会社と接続されている系統に戻し、発電しない夜間や雨天時には系統から電気の供給を受ける。この系統に戻した電気は、余剰電力買取制度、固定価格買取制度施行以降、電力会社が買い取っている。

　大規模太陽光発電システムの基本的な導入手順の概要を図3.5に示す。立案・企画設計の段階では、導入目的（発電事業・電気料金削減・非常用電源用・CO_2

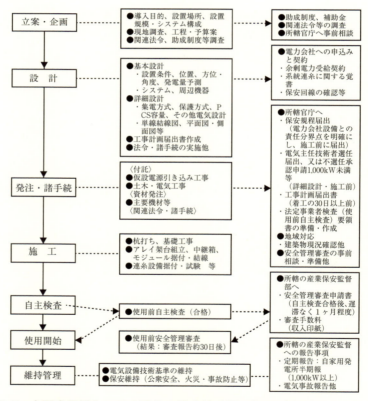

図3.5　太陽光発電システム導入の基本的手順の概要（事例）　参考文献8）

排出量削減等)、設置場所、設置規模、システム構成などの事項の確認のほか、現地の周辺環境の状況(受光・積雪・塩害・落雷・排水・地盤・傾斜・電気設備等)の調査、把握が必要となる。また、所轄官庁や電力会社と事前に相談して、関連法令・条例等の内容を確認しておくことが必要となる(このほかの事項の詳細については「参考文献8)」)。

(2) 風力発電

風力発電は「風」の力で風車を回し、その回転運動を発電機に伝えて電気を起こす発電方法である(図3.6)。風の強弱で発電量が変動する、無風状態では発電できないなど、エネルギー源としては不安定であり、立地の制約も受ける。風力発電は、風の運動エネルギーの最大30〜40%程度を電気エネルギーに変換でき、他の再生可能エネルギーに比べて効率の高いことが特徴である。ただし、風のエネルギーを風車に変換する効率(パワー係数)は風車の形式によって異なる。効率は風速と、翼と先端の速度の比(周速比)によって異なることから、風速に適

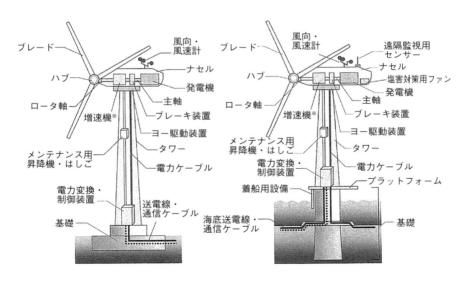

出典:風力発電導入ガイドブック(2008,NEDO)

図3.6 代表的な風力発電機の構成 (左:陸上風力 右:洋上風力) 参考文献1)

した回転速度であることも重要になる。

　風力発電の導入にあたっては、風況調査のほかに地形、地盤条件、気象条件（塩害、着雪・氷、落雷、砂塵）、さらに社会条件（指定区域、土地利用、送電線、道路、騒音、電波障害、景観）や生態系への影響などの事前調査が必要になる。風況調査では、一般的には、平均風速が高い（地上高さ30mで5m/s以上）、風向が安定（年間風向出現率60％以上）、乱れ強度が小さい（風速の標準偏差／平均風速が0.3以下）ことが重視される。また、発電可能な年間稼働率（カットイン風速からカットアウト風速までの風速出現率の累積）が45％以上、年間設備利用率（正味年間発電量／定格出力・8,760h）が20％以上であることが望ましいとされている。

（3）水力発電

　水力エネルギーは古くから地域に存在する自然エネルギーとして重要な役割を果たしてきた。最近は地球温暖化の緩和技術として、再生可能なクリーンエネルギーの供給源である水力発電、特に中小規模のタイプが注目されている。わが国では、出力1,000kW以下で水路式及びダム式の従属発電である水力発電が「新エネルギー利用等の促進に関する特別措置法（新エネ法）」により新エネルギーとして位置づけられている。また、30,000kW未満の中小水力発電を対象とする「再生可能エネルギーの固定価格買取制度」が平成24年7月から始まっている。

　水力発電は、水が高いところから低いところに流れ落ちる性質を利用し、水の流れ落ちるエネルギーを水車によって機械エネルギーに変換し、発電機によって電気エネルギーを生産する方法である。発電方式は、河川に流れる水をそのまま使用したり、池に貯められた水を使用するなど水の利用面に着目した方式と、堰やダムなどを設けて落差を得る構造面に着目した方式に分類される。水の利用面に着目した方式の流れ込み式、調整池式、貯水池式および揚水式の4種類を表3．1に示す。構造面に着目した方式としては、ダムを設けて人造湖を造り、その落差を利用するダム式と、河川からの導入水路や農業用水路など水路の落差を利用した水路式、及びダム式と水路式を組み合わせたダム水路式の3種類の方式がある。

表3.1 水力発電の分類　参考文献1)

方式	概要	概略図
流れ込み式	河川を流れる水を貯めることなく、そのまま発電に使用する方式。水量変化により発電量が変動する。	
調整池式	夜間や週末の電力消費の少ない時に池に貯水し、消費量の増加に合わせて水量を調整しながら発電する方式。	
貯水池式	水量が豊富で、電力の消費量が比較的少ない春や秋に大きな池に貯水し、電力消費の多い夏期や冬期に使用する年間運用の発電方式。	
揚水式	昼間のピーク時には上池に貯められた水を下池に落として発電し、下池に貯まった水を電力消費の少ない夜間に上池に汲み揚げる方式。	

水力発電の出力は、流量と水系の落差の積に比例する。実際の水力発電では、水系、水車、発電機などに損失があり、損失分を考慮した利用可能な落差を有効落差といい、水車の効率や発電機の効率を合わせた総合効率をηと置くとき、水力の発電電力 Pe（kW）は、有効落差 He（m）とηを用いて次のように表すことができる。総合効率は水路損失、水車効率などで決まる。

　　実際の発電電力　Pe（kW）= 9.8（m/s^2）×流量（ton/s）×有効落差 He（m）×η

中小水力発電は、発電コストが19.1〜22.0円/kWhと再生可能エネルギーの中では比較的安価であり、そのうえ、発電電力と発電量の変動が少なく、設備の利用率も約70％と高い。しかし、中小水力発電は投資コストが高い、長期的な水利権の確保が前提となる、河川流域の維持管理・環境保全や地域住民の理解・協力が必要である、などの課題がある。

（4）地熱発電

火山帯の地下数km〜数十kmには「マグマ溜まり」があり、約1,000℃の高温で周囲の岩石を熱している。地表からの雨水は、数十年かけて岩石の割れ目を通って浸透し、マグマ溜まりの熱によって高温、高圧の熱水となり、地熱貯留層が形成される。地熱発電は、この地熱貯留層まで生産井と呼ばれる井戸を掘り、熱水や蒸気を汲み出して利用する発電方式である。

実用化されている地熱発電の方式には、広く用いられている「フラッシュ方式」と、比較的最近実用化された「バイナリー方式」がある。

［地熱発電の方式］

a）フラッシュ方式

　　フラッシュ方式（蒸気発電方式）は、地熱貯留層から約200〜350℃の蒸気と熱水を取り出し、気水分離器で分離した後、その蒸気でタービンを回して発電する方式である。気水分離器で分離された熱水は、還元井と呼ばれる井戸を通して再び地下に戻される（図3．7）。

b）バイナリー方式

　　バイナリー方式は、一般的に80〜150℃の中高温熱水や蒸気を熱源として

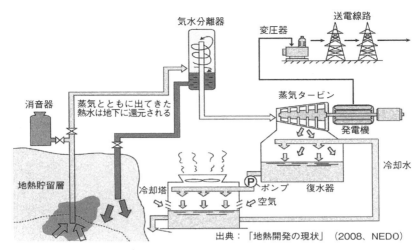

図3.7 地熱発電(シングルフラッシュ方式)の概念図 参考文献1)

　低沸点の媒体を加熱し、蒸発させてタービンを回して発電する方式である。媒体には、ペンタン(沸点36.07℃)などの炭化水素や代替フロン、アンモニア(沸点−33.34℃)など、沸点が100℃以下の液体が用いられ、タービンを回した後、凝縮器で液化されて反復使用される。このように、熱水と低沸点媒体がそれぞれ独立した2つの熱循環サイクルを用いて発電することから、この方式をバイナリー方式と呼んでいる。本方式によって、フラッシュ方式では利用できない低温の熱水や蒸気を活用することが可能となった。日本では現在、新エネルギーとして定義されている地熱発電はバイナリー方式に限られている。

　地熱発電は、地下深くの「マグマ溜まり」によって形成される地熱貯留層の熱がエネルギー源であり、燃料不要でCO_2を排出することなく発電することができ、また、天候に左右されることなく、高い稼働率で安定した電力供給が可能である。しかし、地熱発電には以下に挙げる課題があり、さらなる普及に向けて、産学官民連携の取り組みが望まれている。

［地熱発電の課題］
- ▶ 調査・開発段階で多数の坑井を掘削する必要があり、掘削費用が高く、さ

らに、山間部に建設する場合は送電線費用を要することから、初期コストが増加する。これに対しては、固定価格買取制度(FIT)の効果が期待される。
- ▶ 調査から事業開始までに多大な時間と費用を要し、そのため、短縮化に向けた取り組みが必要である。
- ▶ 温泉熱を吸収する蒸発器などのスケール対策、アンモニアなどが循環する系内の腐食対策等、機器の改良が望まれる。
- ▶ 周辺に温泉地がある場合は、温泉の枯渇・劣化を恐れる温泉観光業者との共存(理解・協力)について、対応策を事前に検討することが必要である。また、地熱資源が自然公園などの指定区域内にある場合は、許認可など事前に検討が必要である。

(5) 自然界に存在する熱エネルギーの利用(太陽熱、未利用熱など)

自然界に存在する熱エネルギーには、太陽熱、地熱、大気熱、水・雪・氷熱のほか、人間の諸活動に伴う排熱などの未利用熱がある。これらのエネルギーは、エネルギー密度は低いが賦存量が多いため、省エネルギーや、低炭素・脱炭素エネルギーに変換する技術等に利用することができ、温暖化の緩和策として大変有効である。

A) 太陽熱発電

太陽熱発電は、太陽から地上に降り注ぐ直達日射を集光して熱に変える集光・集熱部分と、蒸気タービンで発電する発電部分から構成され、集光することによって、エネルギー密度の低い太陽エネルギーから高温を獲得し、タービンを回して発電する(図3.8)。太陽熱発電の特徴として、太陽光を一旦熱に変えて発電するため、熱慣性や蒸気タービンなどによる機械的な慣性力によって発電量が平滑化される点が挙げられる。太陽光発電や風力発電と比較しても、変動は少なく安定している。また、曇天日や夜間などの日射が得られない時間帯でも発電を可能にする蓄熱システムの導入やバイオマスなどを燃料とする補助熱源を組み込んだハイブリッド化が可能である。

太陽熱発電は直達日射量の多い地域が適しており、一般的には年間2,000kWh

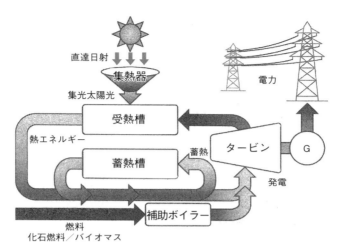

出典:"Concentrating Solar Thermal Power Technology Close Up"
（M.J.Blanco, CENER プレゼン資料）

図3.8 太陽熱発電システムの構成例 参考文献1）

/㎡以上の年間直達日射量が得られる、湿気や粉塵の少ない地域が適地とされているが、ハイブリッド化によって、日本のような年間直達日射量が1,000〜1,300 kWh/㎡と、日射量が少ない地域への導入も期待できる。

B) 太陽熱利用

　太陽熱利用では、これまで屋根の上に置くフラットプレートコレクタ（FPC：平板型集熱器）を用いた給湯利用が世界的に広く普及してきた。近年ではパラボラ・トラフ型コレクタのように太陽を追尾して集光可能なコレクタを用いて、比較的高温の熱を工業用途や発電などに供給する太陽熱の利用の動きが欧州を中心に始まっている。熱供給の温度範囲は、一般的に、100℃より下を低温域、100〜250℃を中温域、250℃以上を高温域としている。太陽熱利用の温度範囲と用いられるコレクタ、及び用途（例）を表3.2に示す。

　太陽熱を利用した熱供給システムとしては、給湯、暖房、冷房の3つのシステム、及びこれらを組み合わせたシステムが挙げられる。「太陽熱暖房システム（例）」を図3.9に示す。太陽熱暖房システムは、集熱器と蓄熱装置、補助熱源な

表3.2　太陽熱利用の温度範囲とコレクタ及び用途（例）　参考文献1）4）

温度範囲		コレクタ（集光器・集熱器）	用途
高温	250～450℃	大中規模円筒放物面鏡型 フレネル型	ユーティリティ規模発電 産業プロセス熱など
中温	100～250℃	小規模円筒放物面鏡型 フレネル型	産業プロセス熱など 太陽熱冷房 給湯 分散型電源
低温	70～100℃	真空集熱器 複合パラボラ集熱器（CPCコレクタ）	太陽熱冷房（単効用型） 低温プロセス熱
	40～60℃	平板集熱器	給湯・暖房

どによって構成され、熱媒の違いによって温水集熱方式と温風集熱方式に大別される。温水集熱方式は通常、太陽熱給湯システムと合わせて設置され、住宅用では、蓄熱槽と放熱器のコストを削減するために、床構造を蓄放熱体とした床暖房にすることが多い。業務用ビルなどの温水集熱方式では、ファンコイルユニット方式が一般的に利用され、熱交換機及び吸収式冷凍機などによって暖房と冷房を行う。一方、熱媒体を空気とした温風集熱方式は、屋根などに集熱器を設置して暖められた空気をファンを用いて屋根裏や建物の外壁に循環させて暖房に利用する仕組みである。また、システム内に熱交換機を組み込んで給湯することも可能である。

　太陽熱を給湯や暖房・冷房に利用する方法は、太陽光発電や太陽熱発電に比べてエネルギー変換効率が高く効果的である。特に、集合住宅や公共施設など比較的規模の大きい空調設備に有効である。なお、さらなる普及・拡大に向けては、設備費の低下や集熱効率の向上、利用設備の高効率化が必要であり、これらに関する研究・開発などの成果が期待される。

C）未利用エネルギー

　未利用エネルギーとは、工場排熱、地下鉄や地下街の冷暖房排熱、外気温との温度差がある河川や下水、雪氷熱など、有効に利用できる可能性があるにもかかわらず、これまで利用されてこなかったエネルギーの総称である。排熱と、海

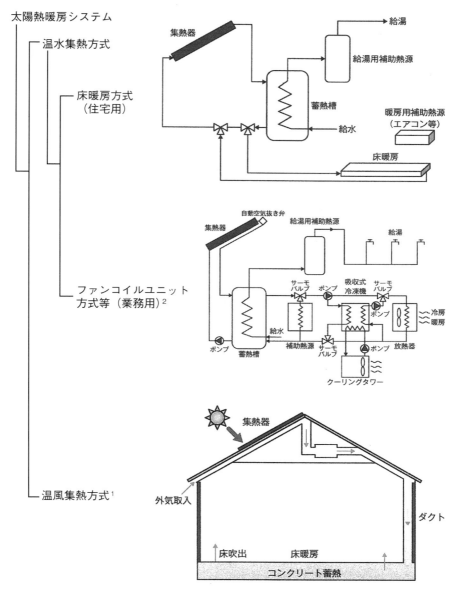

出典1：NEDOホームページ（http://app2.infoc.nedo.go.jp/kaisetsu/）
出典2：「太陽エネルギー新利用システム技術研究開発に係わる事前調査」（2004，NEDO）

図3.9　太陽熱暖房システム（例）　参考文献1）

3章　生態系に学ぶ！　地球温暖化対策技術　93

環境ミニセミナー 太陽熱を利用した空調システム「パッシブソーラーシステム」

　パッシブソーラーシステムは、ポンプなどの機械的動力を使わずに、太陽熱を利用して建築物の集熱・蓄熱・放熱などを行う空調システムです。パッシブソーラーシステムの基本的な考え方は、南面の開口部から昼間日射した熱を集積（遮断）し、その熱を熱容量の大きい壁体などに蓄熱し、夜間に対流や放射によって放熱することで、太陽熱を建物内の空調（暖房・冷房）に利用します（表S.1）。

　化石燃料を使わずに、太陽熱を有効利用（遮熱・集熱・蓄熱・放熱）して空調（暖房・冷房）することができ、省エネルギー化などエネルギー収支の効率（CO_2削減効果）が高く、最近注目されています。

表S.1　代表的なパッシブソーラーシステムの概念図　参考文献1）

ダイレクトゲイン		最も基本的な構造で、建物の床や壁にコンクリートや石等、熱容量の大きい素材を用いて、直接太陽光を当てて蓄熱する。吸熱された日射熱は、室温が下がる夜間に徐々に室内側に放熱されることにより、室内を暖める。
トロンブ壁		建物の南面に表面を黒色塗装した厚いコンクリートまたは石の壁を設置し、その外側をガラスで覆うことにより集熱・蓄熱するシステム。日中はガラスと黒壁の間で暖まった空気が上方の通気孔から室内に入り、夜間は壁に蓄熱された熱が放射と対流により室内を暖める。
グリーンハウス型		建物の南側にガラスでグリーンハウスを付設し、日中の日射熱を透過させ壁や床に蓄熱し、夜間の放熱により室内を暖める。夜間は熱損失を防ぐため、断熱扉等で閉鎖する。グリーンハウスには植栽を設けて半屋内・半屋外のようにすることも可能。

出典：「ソーラー建築デザインガイド［太陽熱利用建築事例集］」（2007、NEDO）

水・河川水等の温度差エネルギーに大別される。
- ●排熱
  - ・工場排熱
  - ・清掃工場（ごみ焼却）の排熱
  - ・変電所の排熱
  - ・超高圧地中送電線からの排熱
  - ・地下鉄や地下街の冷暖房排熱　など
- ●温度差エネルギー
  - ・生活排水や中・下水の熱、地中熱
  - ・河川水、海水の熱
  - ・雪氷熱　など

特に、わが国では一次エネルギーの約6割は有効に利用されずに排熱（未利用熱）として環境に排出されているため、温暖化の緩和策では、熱（エネルギー）の排出量を減らし（Reduce：発生抑制）、排出されてしまった熱（エネルギー）に対しては、再利用する（Reuse：再利用）、または変換して使用する（Recycle：再エネルギー化）、この「熱（エネルギー）の3R」を推進して、未利用熱（未利用エネルギー）の排出を抑制することが重要となる（図3.10）。

図3.10　熱（エネルギー）の3R
（参考文献7）をもとに作成）

未利用エネルギーの利用方法は、排熱を発電の駆動源や熱源として直接利用するものと、ヒートポンプによって熱を汲み取るヒートソース、または熱を捨てるヒートシンクとして利用されるもの等、その形態はさまざまなものが想定される。その代表例を表3.3に示す。

表3.3 未利用エネルギーの利活用の形態と方法（代表例）

発 生 源	形態（媒体）	利 用 方 法
河川水	水	ヒートポンプ熱源、ヒートシンク、冷却水　等
海 水	水	ヒートポンプ熱源、ヒートシンク、冷却水　等
地下水	水	ヒートポンプ熱源、ヒートシンク、冷却水、融雪　等
下 水	生下水	ヒートポンプ熱源、ヒートシンク
	処理水	ヒートポンプ熱源、ヒートシンク
ごみ焼却排熱	温水（発電用復水器）	ヒートポンプ熱源、直接利用
地下鉄・地下街	空気	ヒートポンプ熱源
地下送電線・変電所	冷却水・冷却油	ヒートポンプ熱源、直接利用
工場　等	高温ガス	蒸気による熱回収、発電・熱供給
	温水	ヒートポンプ熱源、直接利用
	ＬＮＧ排熱	発電、空気液化　等
発電所（復水器）	温水	ヒートポンプ熱源、養殖利用　等

出典：国立環境研究所ＨＰ（2017）、環境技術解説「地球環境」（未利用エネルギー）

　なお、未利用エネルギーには、1）エネルギー密度が低い、2）時間的変動が大きい（不安定）、3）熱源と需要地の距離が離れている、などの特徴があり、これらはデメリットでもあることが多く、未利用エネルギーを利活用するにあたっては、エネルギーの回収、蓄熱、輸送面での技術開発や社会的な資本整備等の対応策が必要となる。以下に対応策の概要（例）を挙げた。

［**対応策の概要（例）**］
1）エネルギー密度が低いため、熱回収関連設備のイニシャルコスト（ヒートポンプ、パイプライン、蓄熱槽等）が極めて高い。この対応策として、システムの設備について、公的資金援助や規格化・標準化による大量生産でコストダウンを図る。
2）熱源の時間的変動が大きい、また熱需要の時間的ずれ（熱が発生するピーク時と利用するピーク時がずれる）がある。この対応策として、大規模蓄熱槽などの助成や、ほかの熱源との連携による相互補助を推進し、地域熱供給

ネットワークを整備する。
3）熱源から需要地までの距離が離れている。この対応策としては、熱輸送用ラインを社会資本の一環として積極的に整備する。

環境ミニセミナー　ヒートポンプとは

　ヒートポンプは、熱ポンプとも言われ、低温の熱源から熱を集めて高温の熱源へ送り込む装置です。熱源には、空気中の熱や工場の低温排熱、河川水や工場排水、地中熱など、これまで利用されていなかった熱エネルギーが利用できることから、省エネルギー技術としてだけでなく、未利用エネルギーの活用という側面からも関心が高まっています。

　私たちの身近なところでは、家庭用のエアコンや冷蔵庫、さらに最近では、「ヒートポンプ洗濯乾燥機」、「ヒートポンプ給湯器」、「ヒートポンプ床暖房システム」等の加熱システムとしても実用化が進んできました。商業施設用には、ビルや店舗などの空調設備に活用される「高効率ヒートポンプ」や「ターボ冷凍機」のほか、「業務用ヒートポンプ給湯器」、ヒートポンプで作り出した熱を蓄熱して効率よく利用する「蓄熱式ヒートポンプ」、ヒートポンプで温度調節する「ヒートポンプ式自動販売機」などがあります。

　現在実用化されているヒートポンプは、圧縮式と吸収式に分類することができます。図S.5に示す圧縮式は、冷媒（熱移動の仲立ちをする物質）を圧縮することによって凝縮熱を得て、この熱を水や空気に移動して給湯や暖房に利用します。また、逆に冷媒を膨張・減圧させると、冷媒は気化して周囲から熱を奪うため、冷房として利用されます。熱を移動させるエネルギー源としては、電気モーターやガスエンジンなどが利用されており、家庭用や業務用の冷暖房や給湯などに広く使われています。

　一方、吸収式の場合は、蒸発、吸収、再生、凝縮といったサイクルによる水の気化熱を利用した仕組みとなっており、熱を移動させるエネルギー源としては水蒸気や高温水などが利用され、電力は補助源としてのみ用いられるため電力消費

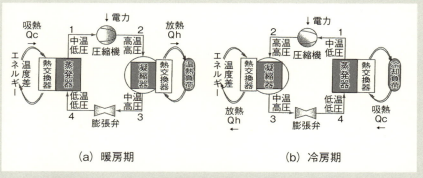

図 S.5　ヒートポンプの熱サイクル（圧縮式）　参考文献2）

量が少ないという特長があり、産業用や地域熱供給などに広く利用されています。

　ヒートポンプの特長は、少ない電気エネルギーで効率的に熱エネルギーを得ることができるという点です。例えば、同じ暖房装置でも電気ストーブなどの場合は、電気エネルギーから熱エネルギーを得ようとすると最大100％までしか得ることができませんが、ヒートポンプでは、大気や排水・排熱などの熱を取り込んで有効利用することにより、使用する電気エネルギーの300〜600％（3〜6倍）に相当する熱エネルギーを取り出すことができます。この効率を成績係数COP（エネルギー消費効率APF）といいます。

$$COP^{注)} = 暖冷房の定格能力（kW）÷ 定格消費電力（kW）$$

注）COPはある一定の条件で運転した時の性能

2 バイオマス資源の活用

1．バイオマス資源とは

　バイオマス資源とは、動植物に由来する資源のうち、化石燃料を除いたものであり、持続的に再生可能なエネルギー源として位置づけられている。用途にはエネルギー利用のほか、飼料、肥料、建材などの材料など、さまざまなものがある。

　エネルギー利用のバイオマス資源は、廃棄物系資源、未利用系資源、生産系資源の3つに大別される（表3.4）。

表3.4　バイオマス資源の種類　参考文献9）

バイオマス資源	廃棄物系資源	木質系バイオマス	製材工場残材
			建設発生木材
		製紙系バイオマス	古紙
			製紙汚泥
			黒液
		家畜排せつ物	牛ふん尿
			豚ふん尿
			鶏ふん尿
			その他家畜ふん尿
		生活排水	下水汚泥
			し尿・浄化槽汚泥
		食品廃棄物	食品加工廃棄物
			食品販売廃棄物　卸売市場廃棄物
			食品小売業廃棄物
			厨芥類　家庭系厨芥
			事業系厨芥
			廃食用油
		その他	埋立地ガス
			紙くず・繊維くず
	未利用系資源	木質系バイオマス	森林バイオマス　林地残材
			間伐材
			未利用樹
			その他木質系バイオマス（剪定枝など）
		農業残さ	稲作残さ　稲わら
			もみ殻
			麦わら
			バガス
			その他農業残さ

3章　生態系に学ぶ！　地球温暖化対策技術

バイオマス資源	生産系資源	木質系バイオマス	短周期栽培木材	
		草本系バイオマス	牧草	
			水草	
			海草	
		その他	藻類	
			糖・でんぷん	
			植物油	パーム油
				菜種油

  a) 廃棄物系資源

　　社会経済活動にともない発生する廃棄物であり、適切に処分することが義務付けられている。処分コストの低減のために有価のエネルギーとして活用したり、減容化のための中間処理として焼却することが一般的に行われ、この過程でエネルギー利用されている。

  b) 未利用系資源

　　廃棄物ではなく、処分の義務はともなわないもの。未利用系資源には、山林に放置される間伐材やの農産にともなって発生する稲わら・もみ殻などがある。現状では収集のコストが高いため未利用となっているが、今後、エネルギー利用が期待されている。

  c) 生産系資源

　　エネルギー利用を目的に栽培するバイオマス資源であり、短周期栽培が可能な木材や草類、大量収穫が容易な藻類などが挙げられる。

2．バイオマス資源のエネルギー利用

　バイオマス資源をエネルギーとして利用する際の流れを図3.11に示す。図の左から、バイオマス資源を原料として、エネルギー変換技術によってエネルギー化（燃料化）し、それを利用する形態（用途）を示している。

　バイオマスのエネルギー変換技術は、a) 物理的変換技術、b) 熱化学的変換技術、c) 生物化学的変換技術の3つに大別される。

  a) 物理的変換技術

　　物理的な技術によって、バイオマスを発電や熱利用に適した各種固体燃料に変換する技術。薪、チップ、ペレット、RDF（可燃物を破砕・成型・乾燥

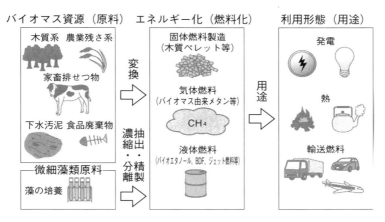

図3.11 バイオマス資源のエネルギー利用の流れ 参考文献9)

した固体燃料)などの固体燃料の製造技術である。

b) 熱化学的変換技術

　バイオマスに熱と圧力をかけることにより、熱分解ガス化やガス化・触媒反応、バイオディーゼル燃料化（エステル交換・酸化安定化）、炭化など、さまざまな反応を行わせ、気体、液体、固体の各種燃料を製造する技術である。

c) 生物化学的変換技術

　微生物など生物の働きを利用してバイオマスを分解し、気体燃料（メタン、バイオ水素など）や液体燃料（エタノール、ブタノールなど）を製造する技術である。一般的に熱化学的変換に比べて反応速度は遅いが、実用化が進んでおり、実績も多い。これまでは効率のよい技術がなかったこともあり、エネルギー利用というよりは廃棄物処理に重点が置かれていたが、近年のバイオテクノロジーの発展にともない、効率的な生物化学的変換技術が開発され実用化されている。

以上、バイオマスのエネルギー変換技術の概略を挙げたが、さまざまな技術があり、研究段階にあるものから、実用化され実績の多いものまで幅広い。どの技術を選択するかは、バイオマス資源の種類、組成、含水率などによる[注1]。

注1) 事例として、本書の付録資料に筆者考案の「1発酵法によるバイオマス資源のエネルギー・資源化技術（発明の名称：循環空気調和型堆肥化施設）」(P.183)、及び「3地域分散型『次世代廃棄物処理システム』の構築」(P.191)を掲載。

3．バイオマスエネルギーの特徴

　バイオマス資源は、再生可能エネルギーの中では唯一、化石燃料と同じ炭素化合物であり、以下の特徴がある。

- ▶ 化石燃料とは異なり、カーボンニュートラル（環境ミニセミナーP.103参照）の優れた特性を有している。しかし、生産（栽培）、収集・運搬、貯蔵、利用等の段階で化石燃料が少なからず投入されており、温暖化の緩和策としては、この量を減らすことが課題となる。
- ▶ バイオマスの生産（量・質）は、温度、日照、降雨などの気象要素と水、栄養など土壌にかかわる要素に関係し、特に気温と水の影響が大きい。このため、安定的に利用するには貯蔵が必要になる。
- ▶ 広く薄く存在し、その収集・運搬にコストを要する。また、資源を多量に安定的に確保することが難しい。
- ▶ 種類や組成、含水率など資源が多種・多様である。
- ▶ 炭素化合物（固体・液体・気体）であるため、電気に比べて貯蔵が容易であり、計画的なエネルギー利用が可能である。
- ▶ 衣食住（食料、建材、紙類など）や工業用原材料など多用途に利用できるため、用途間の競合に考慮する必要がある。

　バイオマスエネルギーには以上のような特徴があり、これらがデメリットになる場合も多く、今後、安定的かつ効率的にエネルギー利用していくためには、これらの課題を克服する既存技術の改良や新たな技術の開発、及び生産・収集・運搬・変換・貯蔵・利用までの一貫した社会システムの構築が不可欠である。

4．バイオマスエネルギーの利用形態（用途）

　バイオマスエネルギーの利用形態（用途）は、（1）バイオマス発電、（2）バイオマス熱利用、（3）バイオマス輸送燃料、の3つに分類される。それぞれのエネルギー変換技術の概要（流れ）について紹介する。

環境ミニセミナー バイオマスエネルギーはクリーンなエネルギーです

バイオマスエネルギーは、カーボンニュートラルといって、燃やしても地球全体のCO_2を増加させません（図S.6）。

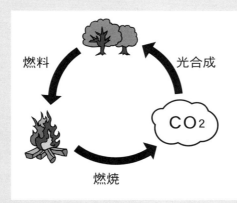

カーボンニュートラル

植物は、光合成でCO_2を吸収し、燃やすとCO_2を排出します。その循環は、地球全体のCO_2を増加させません。動物に由来するバイオマス資源も、生態系の食物連鎖・物質循環により、地球規模でみてCO_2のバランスは保たれます。

図S.6　カーボンニュートラル　参考文献5）をもとに作成

（1）バイオマス発電

バイオマス発電技術は、A）直接燃焼による発電と、B）ガス化による発電に大別できる。各々を図3.12（1）と図3.12（2）に示す。

A）直接燃焼による発電

直接燃焼による発電には、1）大型石炭火力への混焼による発電と、2）バイオマス専焼ボイラによる発電がある（図3.12（1））。

1）大型石炭火力への混焼による発電は、①石炭とバイオマスを微粉炭機に入れ、混合粉砕してボイラで燃焼するか、または②石炭の微粉炭機とは別に専用の粉砕設備を設け、そこでバイオマスを燃焼しやすい粒径に粉砕し、ボイラで燃焼する方法がある。いずれの方法も大型の石炭火力発電設備であるこ

A) 直接燃焼による発電（例）

1) 大型石炭火力への混焼による発電

- 発電効率（約40％）
- バイオ燃料大量処理

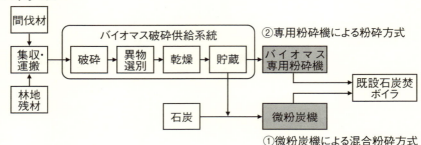

2) バイオマス専焼ボイラによる発電

- ＦＩＴ案件向
- 地産地消向
- 小規模（低効率）

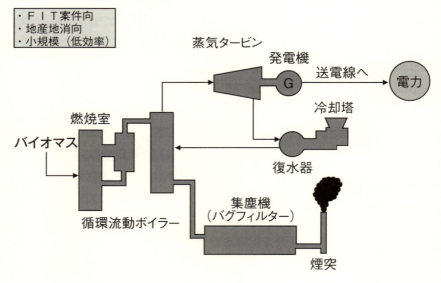

図3.12（1）　バイオマス発電の種類　参考文献9）

B) ガス化による発電（例）

1) 熱分解ガス化による発電

・高効率コジェネ利用
・小規模（高コスト）

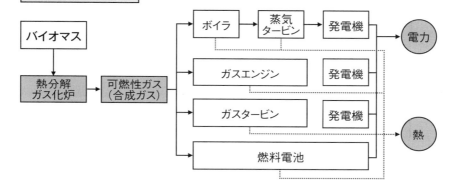

2) メタン発酵による発電

・廃棄物有効利用
・低カロリーガス

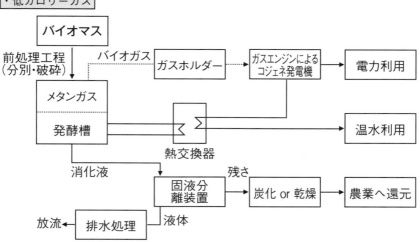

図3.12（2） バイオマス発電の種類　参考文献9）

とから、発電効率が高く(約40%)、大量のバイオマスを燃焼できるが、一方で、できるだけ効率の良い安定的な運転を行うために、バイオマス燃料の大量確保が必要になる。

2) バイオマス専焼ボイラによる発電は、バイオマスを循環流動層ボイラに投入し、得られた水蒸気で蒸気タービンを回して発電する方法である。混焼と比較すると、一般的に小規模であり、発電効率は低くなり、地産地消に向いている。直接燃焼のエネルギー効率を高めるためにはバイオマスを乾燥させ、含水率を低減させることが重要である。特に下水汚泥など高含水率のバイオマスでは、乾燥用エネルギーが大きくなるため、乾燥方法[注2]などに工夫が必要である。また、混焼と同様、できるだけ効率の良い安定的な運転のために、原料となるバイオマスの一定量の確保が必要となる。

注2) バイオマスの乾燥方法に発酵熱と太陽熱を利用した、筆者考案の技術を本書の付録資料[1] (P.183)、[2] (P.188) に掲載。

B) ガス化による発電

ガス化による発電には、1) 熱分解ガス化による発電と、2) メタン発酵による発電がある (図3.12 (2))。

1) 熱分解ガス化による発電は、原料となる木質バイオマスなどを前処理 (分別・破砕) した後、ガス化炉に投入してガス化し、得られたガスを用いて発電する。原料となるバイオマスには、木質系バイオマス、草本系バイオマスのほか、紙くずなど乾燥したバイオマスが用いられ、熱分解ガス化は空気 (酸素) や蒸気などのガス化剤を利用して高温化で行われる。発電は、発生したガスのうち、H_2、CO、CH_4などの可燃性ガスを用いて、蒸気タービン、ガスエンジン、ガスタービン、燃料電池[注3]により行う。発電と同時に熱も発生することから、この熱の利用も併せて行う (コージェネレーション)。わが国においては、バイオマス資源量の制約から比較的小規模な設備が多いため、ガスエンジンがよく用いられている。ガスエンジンは、4〜25kWの範囲で発電効率が20〜30%程度の事例が多い。

2）メタン発酵による発電は、微生物の嫌気性発酵によって有機物を分解し、その過程で発生するメタンガスなどをボイラー設備、発電設備に供給して発電する技術である。図3.12（2）に示すように、原料となるバイオマスを前処理（分別・破砕）した後、メタン発酵槽に投入し、中温（約35℃）または高温（約55℃）で嫌気性発酵させてメタンを主成分とするバイオガスを発生させる。発生したバイオガスは、CO_2を含み、CO_2が燃えない分、カロリー（発熱量）は低い。ガスホルダーに蓄えられた後、ガスエンジンや燃料電池[注3]によるコージェネレーション発電が行われる。発電で発生した熱は熱交換器を通して温水利用などに利用される。

　メタン発酵の原料には、主に食品系バイオマス、家畜ふん尿、下水汚泥などが利用される。一般的にそれらの成分は変動をともなうため、発生ガス量とメタン濃度も変動する。特に、たんぱく質が多いバイオマスは、アンモニアがメタン生成を阻害する。また、バイオガスは硫化水素など硫黄成分が含まれるので、脱硫プロセスを設けてこれを除去し、ガスエンジンなどの機器の腐食や劣化を防ぐことが必要である。なお、バイオガスのメタン濃度は通常50〜60％程度である。最近の傾向としては、メタンガスの収量を増やすため、数種類の原料を組み合わせるケースが増えている。

　発酵過程で発生する生成物には、バイオガスのほかに、消化液と発酵残さがある。わが国ではこれらの副生成物を排水処理や脱水・焼却処理している事例が多いが、このような処理・処分には高いコストとエネルギーが必要になるため、これらの副生成物をコンポストや液肥として農地還元する（有害物質を含まないことが条件）など、再資源化する取り組みが進められている。

注3）（環境ミニセミナー「燃料電池とは」P.108を参照）

（2）バイオマス熱利用

　バイオマスの熱利用とは、バイオマス資源から効率的に熱利用するために、チップ、ペレット、炭、バイオガスなどのバイオマス原料を製造し、それらをエネルギー変換技術によって熱エネルギーに変換し、給湯や暖房／冷房、工業用、

環境ミニセミナー 燃料電池とは

燃料電池の原理

　燃料電池は、水素と空気中の酸素を利用して、水の電気分解の逆の化学反応により直接電気へ変換して、発電するシステムです。

　水の電気分解では、電解質を溶かした水に電流を通して水素と酸素を発生させますが、燃料電池では、電解質[注]をはさんだ電極に水素を、もう一方の電極に酸素を送ることによって化学反応を起こし、水と電気を発生させます（図S.7）。

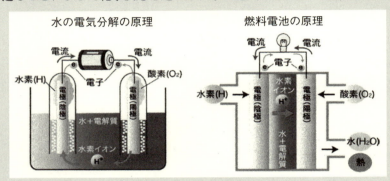

図S.7　水の電気分解と燃料電池　参考文献7) 8)

水の電気分解

　　$2H_2O$（水）＋電気エネルギー　⇒　$2H_2$（水素）＋O_2（酸素）

燃料電池の発電（「水の電気分解」の逆の反応）

　　$2H_2$（水素）＋O_2（酸素）　⇒　$2H_2O$（水）＋電気エネルギー＋熱

注）電解質は、イオンだけを通し電子はほとんど通さない性質があり、イオンが移動することによって電流が生じる物質です。イオン交換膜（フッ素系樹脂等）、りん酸溶液、溶解炭酸塩（炭酸リチウム、炭酸カリウム等）、固体酸化物（ジルコニア、ランタン、ガリウム等の酸化物）などの物質が用いられています。

燃料電池の特徴（クリーン、高効率、電力貯蔵に貢献）

▶　水素を燃やさずに、酸素との化学反応により電気を直接取り出すため、二酸化炭素（CO_2）や窒素酸化物（NO_x）などの有害な物質の排出がありません。

- 電気を使う場所で発電するので、送電に伴うエネルギーの損失がありません。
- 発電の際発生する熱もその場で暖房などとして利用でき（コージェネレーション）、総合的に高いエネルギー効率が得られます。
- 上述の「燃料電池の原理」に示す「水の電気分解」と「燃料電池の発電」の化学反応によって、燃料電池を使ったシステムは電力（電気エネルギー）を貯めることができます。すなわち、余ってしまった電力（電気エネルギー）を使って「水の電気分解」をして、一旦水素に変換して貯蔵し、必要な時に「燃料電池の発電」で水素を燃料にして発電するシステムです。これにより、太陽光や風力など気象条件によって出力が変動する再生可能エネルギーの課題も解決することができます。

燃料電池の種類

現在研究されている燃料電池は、大別すると、溶解炭酸塩形、りん酸形、固体酸化物形、固体高分子形の4種類あります（図S.8）。作動温度（約80～1,000℃）や使用する燃料（水素、天然ガス、石炭ガスなど）、発電の出力規模など、それぞれの特長を生かして利用されています。燃料電池自動車向けには、主に固体高分子形の燃料電池が使われています。

固体高分子形は、電解質に高分子イオン交換膜を使用し、作動温度は80℃～100℃と低く、小型化しても出力効率が良いのが特長です。家庭用の定置形電源システムや自動車用などへの利用が期待されています。今後の課題としては、発電効率のより一層の向上、及び触媒として使用される白金や電解質として使用されるイオン交換膜の耐久性の向上とコスト削減が挙げられます。

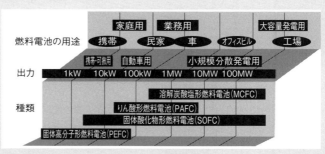

図 S.8 燃料電池の種類と適応発電容量・用途　参考文献6）

農業用などさまざまな用途に利用する技術である（図3.13）。バイオマス原料を熱エネルギーに変換する技術には、バイオマスボイラ、バイオマスストーブ、コージェネレーションなどがある。以下にバイオマスボイラとコージェネレーションの概要（例）を挙げた。

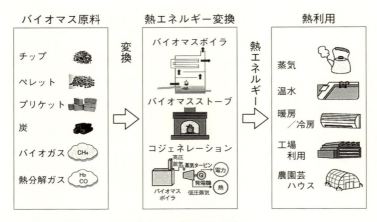

図3.13　バイオマス熱利用の流れ　参考文献9）

A）バイオマスボイラ

バイオマスボイラは、バイオマス原料を燃焼させ、温水や蒸気を取り出す装置である。温泉、農業用ハウス、ホテル、公共施設などの給湯や暖房／冷房、工業用熱源に利用されている。

バイオマスボイラの流れ（例）

①バイオマス原料（チップやペレットなど）→②燃焼室〔熱〕→
→③二次燃焼室〔熱〕→④熱交換器〔温水〕→⑤煙突（排気）注）

注）ばいじん、NOxなどで排気が汚れている場合は排ガス処理が必要。

B）コージェネレーション

バイオマスを原料とするコージェネレーションは発電とともに熱を得るために

使われており、発電所、下水処理施設、家畜排せつ処理施設などで利用されている。

コージェネレーションの流れ（例）

①バイオマス燃料（木質系、鶏ふんなど）→ ②乾燥室 →
→ ③バイオマスボイラ[注]〔高圧蒸気〕→
→ ④蒸気タービン〔動力と低圧蒸気〕→ ⑤〔電力と熱〕

注）バイオガスを燃料とする場合は、ガスエンジンやマイクロガスタービン、燃料電池を使用。

　コージェネレーション（熱電併給）とは、発電にともなって生じる廃熱も同時に回収し利用することであり、どのようなエネルギー変換技術（発電）とシステムを採用するかは、バイオマス原料の質（種類、成分、含水率など）と量、及び電力と熱の需給を予測して、総合的なエネルギー収支（効率）をもとに判断することになる。

（3）バイオマス輸送燃料

　バイオマス資源を車両、航空機、船舶などの輸送機器の燃料に変換する技術としては、エタノール発酵、バイオディーゼル燃料（植物性油脂のエステル交換）、藻類由来のバイオ燃料、ガス化液体燃料（Biomass to Liquid：BTL）、直接液化（急速熱分解、水熱液化）、メタン発酵などさまざまな技術がある。図3.14にバイオマス資源を輸送燃料に変換する技術と利用形態を示す。
　ここでは、現在実用化されて実績の多いエタノール発酵とバイオディーゼル燃料（植物性油脂のエステル交換）をとりあげて紹介する。

A）エタノール発酵

　エタノール発酵は、酵母を用いてバイオマス原料を発酵させ、バイオエタノールを生成する技術で、数千年以上の歴史がある。図3.15に示すように、原料がでんぷん系の場合には、酵素を加えて原料を糖化させる糖化の工程が加わる。セルロース系を原料とするエタノール製造は、加圧蒸気や酸・アルカリ、糖化の処

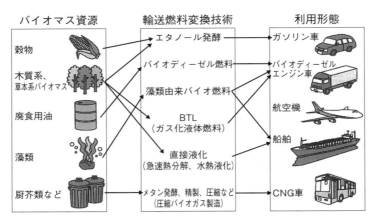

図3.14 バイオマス輸送燃料変換技術の体系（例）　参考文献9）

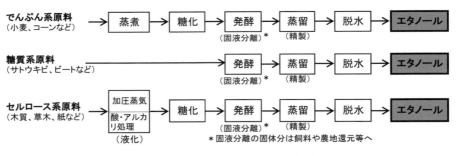

図3.15 バイオエタノールの製造工程（例）　参考文献13）

理工程が加わるうえに、キシロース（五炭糖）を発酵する微生物が必要になる、発酵時間が長い、発酵残さが多いなどの課題があり、これらの解決が技術開発の要素になっている。

　バイオエタノールの利点としては、用途が広く、ガソリンの代替燃料のほか、溶媒や冷媒としての工業原料、不凍液、洗浄剤、防腐剤、殺菌・消毒など多様であり、需要が多いこと、また、物質としての形態がメタン発酵は気体であるが、エタノール発酵は液体であり、液体は運搬・貯蔵など取り扱いがしやすいことが挙げられる。

バイオエタノールの課題としては、サトウキビなどの糖質系や、コーン、小麦などのでんぷん系は発酵が容易であるが、これらは食料でもあるため、高コストのうえ、さらに競合しての連鎖的高騰が懸念されること、また現在、木質系、草本系、製紙系のバイオマス資源は未利用量が多く低コストではあるが、前処理が難しい、発酵時間が長い、発酵残さが多いことなどが挙げられる。今後、これらの未利用系バイオマス資源を原料とした高効率・低コストのエタノール発酵技術の実用化が期待される。

B）バイオディーゼル燃料

　バイオディーゼル燃料（Bio Diesel Fuel、以下 BDF）は、菜種油や廃食用油などの油脂に含まれるグリセリンをメタノールで置き換えるエステル交換によって作られる（図3.16）。油脂中のグリセリンは3分子の脂肪酸と結合しているため、3分子のメタノールと反応して、3分子の BDF（脂肪酸メチルエステル）と1分子のグリセリンが生成される。エステル交換は油脂とメタノールを混ぜるだけではほとんど反応は起こらないので、反応を効率よく行うため、図3.17に示すアルカリ触媒法（水酸化カリウム触媒、常圧・中温）のほか、無触媒法（高圧・高温）などいくつかの方法がある。それぞれの方法にはメリット・デメリット（効

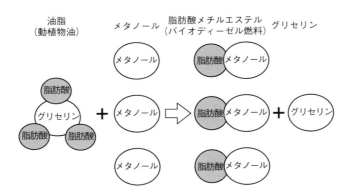

出典：環境省第5回エコ燃料利用推進会議（日本自動車工業会"作図）

図3.16　バイオディーゼル燃料製造の概念図　参考文献13)

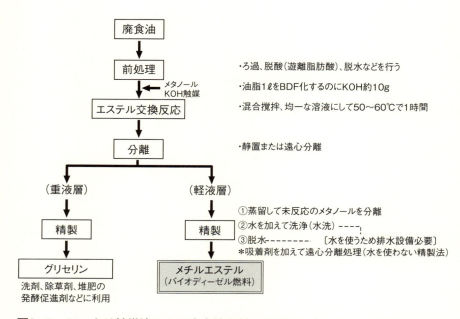

図3.17 アルカリ触媒法による廃食油原料BDF製造プロセス（例） 参考文献13)

率、規模、操作性、コストなど）があるため、方法の選定は、原料の質（種類、成分、含水率）と量、及び需給先の状況などをもとに比較、検討することになる。

　BDF燃料の特徴としては、硫黄酸化物を含まず、黒煙の排出量が少ないため、ディーゼルエンジン搭載車両用のクリーン燃料であること、また、燃料特性は軽油とほとんど変わらず、混合も可能であり、実用性が高いことが挙げられる。ただし、BDF燃料は軽油代替燃料として利用する場合、国ごとに混合比率（B5：BDF 5％を軽油に混合など）や燃料品質規格が定められていることや、軽油と混合して使用する場合、軽油引取税の課税対象となることなどに留意が必要である。

　BDF燃料の課題としては、以下の点が挙げられる。
- ▶ 軽油と比べて流動点が高く、低温で凝固しやすいため、寒冷地には適さない。また、総発熱量は軽油に比べて低く、その分出力が低下する。
- ▶ 製造するのにメタノールやアルカリ触媒を使用する、あるいは高温・高圧

のエネルギーが必要になるなど、生産コストが高くなる要素が多い。生産コストを下げるためには、装置を大規模にする必要がある。
- ▶ 副生成物であるグリセリンの処理・処分が難しい。固体燃料化など工夫が必要である。
- ▶ 大豆、パーム、菜種、ひまわり、落花生、やしなどの植物性油脂は、原料として適しているが、食料でもあるため、一般的に高コストである。また、競合するので需給のバランスに配慮が必要である。
- ▶ 廃食用油を原料とする場合は、品質の安定性が要求される。廃食用油の品質にバラツキがあると前処理や精製などの生産プロセスの管理が難しい。この対処法として、少量ではばらついている廃食用油をできるだけ大量に集めることで品質を安定化させる方法がある。

3 バイオマスによる CO_2 の吸収・固定

バイオマスによる CO_2 の吸収・固定

図1.14（「地球の炭素循環」P.25）に示すように、地球上の炭素は、大気中に約8,290億トン（炭素換算：以下同様）が存在し、化石燃料の消費などによって年間約89億トンの CO_2 が大気に放出され、そのうち、1年につき約40億トンが大気に残り温室効果ガスとして増加している。これに対して、陸上生態系では年間約1,230億トン（そのうち循環約1,187億トン、固定約43億トン）が光合成等によって森林や草木などに吸収・固定され、海洋生態系では年間約800億トン（そのうち循環約784億トン、固定約16億トン）が生物・化学的に海洋や海洋生物などに吸収・固定されている。このように、陸上生態系の森林や海洋生態系の生物などのバイオマスは大気中 CO_2 の主要な吸収・固定源である。これらのバイオマスを保護・管理するとともに、不健全な生態系の修復と恵み豊かな生態系の創出を積極的に推進することは CO_2 の緩和策として大変重要となる。

大気中 CO_2 の緩和策としての、バイオマスによる CO_2 吸収・固定の方法は、（1）森林や砂漠緑化等の陸上植物による CO_2 吸収・固定と、（2）海洋生物による CO_2 吸収・固定に大別される。

（1）森林や砂漠緑化等の陸上植物による CO_2 吸収・固定

A）森林等の植物の CO_2 吸収・固定のメカニズム

森林の樹木や草木類など、植物は光合成を行う。図3.18「樹木の CO_2 吸収・固定のメカニズム」に示すように、大気から吸収した CO_2 と土壌から吸収した水を用いて光合成によりブドウ糖などの炭化水素を生成し、この炭化水素をもとに、幹・根・枝葉をつくり樹木は生育する。一方で、生育活動のために、光合成で生成した炭化水素の一部を分解して呼吸を行い、酸素を吸収し CO_2 を放出する。ただし、光合成に使われる CO_2 量は呼吸から出る CO_2 量よりも多いので、差し

引きすると樹木はCO₂の吸収・固定源となる。成長段階の若い森林では、樹木はCO₂をたくさん吸収して大きくなる。これに対して、成熟段階の森林になると、吸収量は低下していき、呼吸量はだんだん多くなり、差し引きの吸収能力は低下していく。老齢段階になると吸収量は比較的低い値で安定的になる（図3.19「樹木のCO₂吸収・排出量」）。

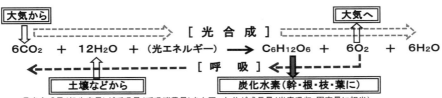

図3.18　樹木のCO₂吸収・固定のメカニズム 参考文献14) 15) 16)

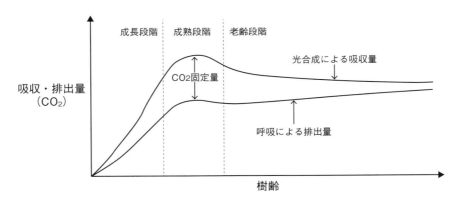

出典：林野庁HP「分野別情報」（地球温暖化防止に向けて、よくある質問）をもとに作成

図3.19　樹木のCO₂吸収・排出量

B）森林生態系のCO₂吸収・固定量

　森林生態系に吸収・固定された炭素は、①幹や枝葉、②根、③枯死木、④地上に落ちた枝葉、⑤土壌、⑥木材製品（利用した場合）のそれぞれに存在するが、

3章　生態系に学ぶ！ 地球温暖化対策技術　117

③〜⑤については通常、吸収・固定量全体に占める割合が小さい。このため、森林生態系のCO_2吸収・固定量の算出は、一般的に①幹や枝葉と②根を対象としている((環境ミニセミナー「森林生態系のCO_2吸収・固定量の"見える化"」P.118を参照)。

環境ミニセミナー
森林生態系のCO_2吸収・固定量の"見える化"

"見える化"とは

　CO_2吸収・固定量の「見える化」とは、森林づくりのCO_2吸収量や木材利用によるCO_2の固定量を数字で算出・表示することです。パリ協定（COP21）において、森林を含む温室効果ガスの吸収源・貯蔵庫の働きを保全・強化するべきであることが規定され、温暖化対策における森林の役割の重要性が明確になり、森林のCO_2吸収・固定量の「見える化」への関心が高まっています。現在、J－クレジット制度や都道府県知事による認定などの先行事例があります。

算出方法

　森林による炭素吸収・固定量の算出には、①幹や枝葉、②根、③枯死木、④地上に落ちた枝葉、⑤土壌、⑥木材製品（利用した場合）のそれぞれに含まれる炭素量を計算することが求められます。森林生態系には①〜⑤が存在していますが、③〜⑤については通常、吸収・固定量全体に占める割合が小さいため、林野庁「企業による森林づくり・木材利用の二酸化炭素吸収・固定量の『見える化』ガイドライン（平成28年2月）」や都道府県の認証制度で森林のCO_2吸収量を算出する際には、①幹や枝葉と②根を対象にしています（図S.9）。

　植栽・保育・下刈り・除伐・間伐など、森林整備・保全の活動に係るCO_2吸収量は、a. 森林整備・保全活動の都道府県名、b. 樹種（スギ、ヒノキ、カラマツ、その他の4種類から選択）、c. 樹齢（5年ごとにまとめたおよその樹齢）、d. 樹種ごとの面積、これらの情報により対象地域の平均的な森林吸収量を算出します。さらに、現地の森林で、e. 樹種ごとの平均樹高、f. 平均直径、g. 本数

を調査し、その値を使って、より正確な森林吸収量を算出します。

"見える化"の活用例

温暖化対策（緩和策または適応策）、地域活性化、防災・減災等の訴求ポイントと「見える化」の定量的なデータを組み合わせれば、より効果的に訴求することができます。例えば、「普通の家庭が1年間で排出するCO_2排出量（6,500kg／年）○軒分を吸収する」、「乗用車が走行する際に排出するCO_2量（0.231kg／km）○km分を吸収する」といった説明が考えられます（数値は林野庁HPより）。また、木材利用によるCO_2固定量であれば、「1ヘクタールのスギ林が1年間に吸収するCO_2量（8.8t／ha）○年分に相当する」などといった説明が考えられます。

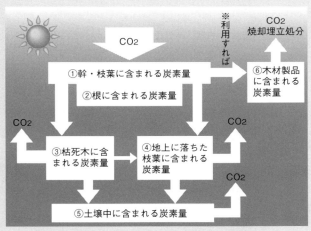

図S.9　森林の炭素吸収・固定量　参考文献9）

C）森林によるCO_2吸収・固定技術

植物には、半永久的に利用可能な太陽からの光エネルギーを利用して、大気中のCO_2を有機物として吸収・固定するという重要な働きがあり、特に樹木は幹や枝などの形で大量の炭素を蓄えている。また、製品として木材を住宅や家具等に利用することは、木材中の炭素を長期間にわたって固定することになる（炭素固

定効果)。さらに、木材は合成樹脂や鉄等の資材に比べて、製造や加工に要するエネルギーが少なく、製造・加工時のCO_2の排出量が抑制されることになる(省エネルギー効果)。加えて、木質バイオマスのエネルギー利用は、大気中のCO_2濃度に影響を与えない「カーボンニュートラル」な特性を有しており、化石燃料の代替として使用することで、化石燃料の使用を抑制することができる(化石燃料使用抑制効果)。

以上のように木質バイオマスには、炭素固定、省エネルギー、化石燃料使用抑制の効果がある。この効果を最大限に発揮させるため、CO_2の緩和技術として、以下の3つが特に重要となる。

1) 森林生態系のCO_2吸収・固定の機能を常に高く保つため、水・土壌の保全、及び植栽[注1](造林)、下刈り、除伐、間伐[注2]、病虫害・鳥獣害対策防除、希少動植物保護、外来種対策などの整備・保全の推進を図る。ただし、森林生態系は、地球温暖化の緩和(CO_2吸収・固定)のほかに、国土の保全、水源の涵養、林産物の供給等の多面的機能を有しており、このような機能も持続的に発揮していくためには、総合的な評価・判断のもと、適正な整備・保全を推進する必要がある(持続可能な森林管理の徹底)。

2) 合成樹脂や鉄等の資材に代えて木質バイオマスを多くで利用し、利用する現場においては、廃棄物の発生抑制(リデュース)、廃棄物の再利用(リユース)を徹底し、できるだけ長期間の有効利用の推進を図る(持続可能な低炭素・循環型社会の構築)。

3) 2)において有効利用した後は、バイオマス系の廃棄物をエネルギー資源化(リサイクル)して、木質バイオマス発電や熱利用などで化石燃料の代替として利用し、化石燃料の使用の削減を図る(持続可能な低炭素・循環型・自然共生社会の構築:図3.20「森林を基幹とした社会システム(例)」参照)。

注1) 方法は、3.2②の「植栽」(P.159)を参照。
注2) 方法は、3.2②の「間伐」(P.159)を参照。

D) 砂漠緑化によるCO_2吸収・固定技術

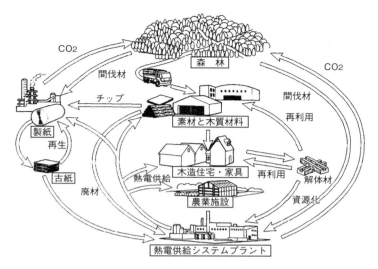

〔持続可能な低炭素・循環型・自然共生社会〕

出典：紙パ技協　第57巻第10号「森林の二酸化炭素吸収の考え方」（藤森隆郎、2003年）

図3.20　森林を基幹とした社会システム（例）

　砂漠化は、乾燥地域における気候上の変動や人間活動を含むさまざまな要素に起因する土地の劣化であり、食料生産性の低下、水不足、灼熱、自然火災など、住民の生活環境悪化の原因となる。また、砂漠化の進行は土地の炭素吸収能力の減少や生物多様性の損失などにも影響を与える（詳細は環境ミニセミナー「砂漠化とは…、その原因と影響は…」P.124を参照）。

　砂漠緑化とは、気候的要因（気候変動、干ばつ、乾燥化等）や人為的要因（過放牧、森林の伐採、過耕作等）によって砂漠化した土地に植生を回復するために用いる技術である。砂漠緑化に利用される主な技術としては、植物を根付かせるための砂防・植栽技術、水を有効に活用する水管理技術、灌漑等によって塩害が発生するのを防止する土壌管理技術、さらに乾燥や塩害などのストレスに強い植物（品種）を育てる技術がある。それぞれの技術の概要を紹介する（参考文献18））。

1）植物を根付かせるための砂防・植栽技術

　砂漠の地表面は、植物や土壌の被覆が乏しく、風による浸食作用（風食）が顕著である。このような場所に植物を根付かせるためには、砂の移動を抑えながら植栽を行う必要がある。方法としては、稲わらや麦わらなどの枯れ草（その地に適した牧草などが好ましい）を地中に基盤の格子状（1㎡程度）に差し込んでいくことで地表面の風速を低減するとともに砂の移動を止める、草方格（そうほうかく）の技術がある。草方格（そうほうかく）に用いる麦わらなど枯れ草は保水力をもち、分解すると肥料にもなることから、ここに植えられた植物は生育が良い。

　また、直接苗木を植えることでも砂の移動を防ぐことができる。この方法では、列状または基盤の格子状に植えることで強風を緩和させる、草木のないところは溝を深く掘り地下水近くに植える、土中微生物を増やすため木と草を共存させて植栽する、などの工夫が必要である。

2）水を有効に活用する水管理技術

　水資源の限られた砂漠では、効率的な灌漑と排水の水管理・保全が重要になる。

［砂漠の灌漑技術］

　代表的な灌漑方法の概要を以下に示す。

▶　地表灌漑：水路から一定の周期で畑地に水を供給する方法。施設費は安いが、灌漑操作に多くの人手を要する。また損失水量が多くなるため、地下水位の上昇や塩類集積を招きやすい。

▶　散水灌漑：スプリンクラー等の設備を用いてポンプで圧力をかけた水をノズルから噴射させ、雨滴あるいは噴霧状に散水する方法。全域に散水するため、水の利用効率はあまり高くない。

▶　マイクロ灌漑：植物の根元などにピンポイントで灌漑する方法。水の利用効率が高く、塩類集積を引き起こすことも少ない。

▶　植物スプリンクラー：地中深く根を下ろす深根性植物（キマメなど）を利用して地下水を表層の土壌に浸透させることで、地表に植えた植物に水を供給する、生物的灌漑（バイオ灌漑）方法。塩類集積を起こしにくく、低コストで環境調和型の灌水技術として期待されている。

[砂漠の排水技術]

　砂漠など乾燥した土地では、植物が必要とする以上に多量の水を灌漑し続けると、地下水位が上昇し、土壌の毛細管現象によって地下水が地表にしみ出し、水の蒸発にともなって地下水中の塩類が地表に集積する（塩類集積）。そのため、このような土地では効率的な排水技術が必要になる。排水技術には、人工的な設備を利用する方法として、「地表排水」と「地下排水」がある。地表排水は、排水路を設置・整備することにより、地表にある過剰な水を取り除く技術である。一方、地下排水は、地下に排水管路を設けて、地表排水で対応できない地表残留水や難透水性土壌中の水を排除したり、地下水位を低下させる技術である。このほか、生物的排水（バイオ排水）技術として、吸水力の強い樹木や灌木を植栽することにより、低地での排水、水路沿いの地下水上昇の防止、圃場での地下水位制御等を行う技術がある。

3）灌漑等によって塩害が発生するのを防止する土壌管理技術

　塩害が問題となる砂漠化地域では、畑地に集積した塩分を除去しながら耕作（緑化）の可能な状態を保持することが重要になる。

[砂漠の塩害防止に用いられる土壌管理技術]

　代表的な土壌管理方法の概要を以下に示す。いずれの方法も、広い面積に適用する場合、相当な費用を要するため、現場の実情に適した方法を選択することが必要である。

- ▶ リーチング（塩類洗脱）：畑地に灌漑に必要な量以上の水を入れ、塩類を溶解させて洗い流す方法で、蒸発の少ない冬場などに行う。洗い流された塩類は土壌の深い部分へ移動する。
- ▶ 土壌改良材の施用：塩類が集積した土壌はアルカリ性に傾くため、石膏（$CaSO_4・2H_2O$）、リン酸カルシウム、亜硫酸カルシウム、パイライトなど土壌改良材を用いて、土壌のpHを下げる方法。
- ▶ 機械的除去：ブルドーザー等の機械で塩分の多い地表土壌を機械的にはぎ取る方法。

4）乾燥などのストレスに強い植物（品種）を育てる技術

　砂漠などの乾燥地の植物は、高温、温度差、乾燥、塩害などさまざまな環境

ストレスにさらされる。このため、植栽にあたっては、耐乾性、耐塩性などに優れる品種を選択する必要がある。例えば、耐乾性に優れた作物としては、キビ、アワ、モロコシ、コムギ、オオムギ、ワタ、サツマイモなどが知られている。また現在、さらに優れた耐ストレス性の植物の品種改良が進められている。従来の品種改良は、交配と選抜によって行われてきたが、最近では遺伝子工学の進展により、耐ストレス性に関わる遺伝子を外部から新たに導入したり、植物がもともと持っている遺伝子の働きを高めたりすることで、ストレスに強い品種に改良することが可能となりつつある。

　以上に示す1）〜4）の技術などにより、砂漠化した土地に植生が回復し、そこに生育する樹木や草類などの植物の光合成による CO_2 吸収・固定の効果が期待できる。生育した後は、前述C）と同様に、樹木等の木質バイオマスは資材として、草木類は食料・飼料などの用途にできるだけ有効利用し、その後は、廃棄物をエネルギー資源化（リサイクル）してバイオマス発電や熱利用などで化石燃料の代替として使用し、化石燃料の使用の削減を図ることで大気中の CO_2 の緩和に貢献することができる。

環境ミニセミナー 砂漠化とは…、その原因と影響は…

砂漠化とは

　砂漠化とは、砂漠化対処条約で『乾燥地域、半乾燥地域、乾燥半湿潤地域における気候上の変動や人間活動を含むさまざまな要素に起因する土地の劣化』と定義されています。これらの乾燥地域は、年間の蒸発散量に対する降水量の割合（乾燥度指数ＡＩ）が低い地域（0.65未満）で、地球の地表面積の約41％を占めており、そこで暮らす人々は20億人以上に及び、その少なくとも90％は開発途上国の人々です。砂漠化は、食糧の供給不安、水不足、貧困の原因にもなっています。

砂漠化の原因

砂漠化の原因としては、「気候的要因」と「人為的要因」の2つが挙げられています。

- ▶ 気候的要因：地球的規模での気候変動、干ばつ、乾燥化など。
- ▶ 人為的要因：過放牧、森林減少（薪炭材の過剰採取）、過耕作など、乾燥地域の脆弱な生態系の中で、その許容限度を超えて行われる人間活動。

人為的な要因は、人口増加、市場経済の進展、貧困などを背景に生じると考えられています。人口が増加して乾燥地域に多くの人々が住むようになり、そこに住む人々の農業や生活などの活動が乾燥した脆弱な土地に過剰な負荷をかけ、更に砂漠化を進行させるという悪循環となっています。

砂漠化の影響

乾燥地域に住む人々は、作物、家畜、日用品、薪炭材などを生態系に依存しているため、砂漠化により生態系が劣化すると、結果として住民の生活環境が悪化することになります。また生態系は、人間に限らず家畜や野生生物の命を支えていますので、生物多様性が損失されることになります。

図S.10は砂漠化が気候変動と生物多様性の減少に相互に複雑に関係していることを示しています。砂漠化は、気候変動の影響（洪水、干ばつ、自然火災等）などによって進行し、その結果、土地の炭素吸収能力の低下等によりCO_2の排出が増加して、気候変動へも影響を与える悪循環になっています。

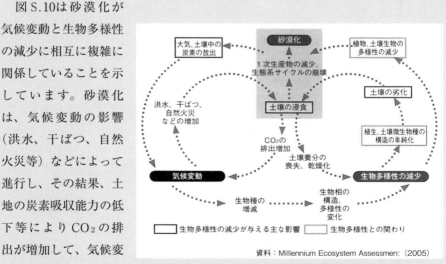

資料：Millennium Ecosystem Assessment (2005)

図S.10　砂漠化と気候変動、生物多様性の関係　参考文献10)

(2) 海洋生物による CO_2 吸収・固定

A) 海洋生態系における CO_2 吸収・固定のメカニズム

図1.14(「地球の炭素循環」P.25)に示すように、地球上の炭素は、大気中に約8,290億トン(炭素換算:以下同様)が存在し、化石燃料の消費などによって年間約89億トンの CO_2 が大気に放出され、そのうち、1年につき約40億トンが大気に残り温室効果ガスとして増加している。これに対して海洋生態系では、年間約800億トン(そのうち循環約784億トン、固定約16億トン)が生物・化学的に海洋や海洋生物などに吸収・固定され、海底(中・深層部など)には404,530億トンが貯蔵(長期固定)されている。

海洋生態系における CO_2 の吸収・固定は、主に「溶解ポンプ」、「生物ポンプ」、「アルカリポンプ」と呼ばれる過程によっている。それぞれの働きの概要を以下に示す。

ただし、海洋中の炭素は、二酸化炭素 CO_2 以外に遊離炭酸 H_2CO_3、重炭酸イオン HCO_3^-、炭酸イオン CO_3^{2-} などの態様となっている。図3.21(「海水中の全

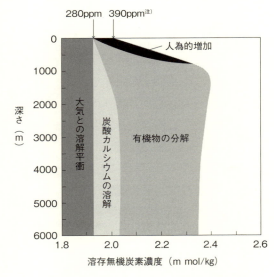

図3.21 海水中の全炭素の鉛直分布 (野崎、1994) 参考文献20)

炭素の鉛直分布」)は、これらを合わせた全炭酸の量（炭素換算濃度）を鉛直分布で示したものである。

[**溶解ポンプ**]

溶解ポンプは、大気と海洋間のCO_2の分圧差によって大気から海洋表層へCO_2が物理的・化学的に溶け込む過程である。分圧差が大きいほど、水温が低いほど溶け込む量（溶解度）は多い。したがって、海水温が低下すると海洋中に溶け込むCO_2量は増加して、その分大気中のCO_2量は減少し温室効果は低下し、地上気温と海水温をさらに下げるように働く。逆に海水温が上がると海洋中に溶け込むCO_2量は低下して、その分大気中のCO_2量は増加し温室効果は高まり、地上気温と海水温をさらに上げるように働く。また、海水中のCO_2濃度は、海水温の低い極域の深海ではCO_2の溶け込む量が多く高くなり、海水温の高い赤道域の浅海では低くなる。

[**生物ポンプ**]

生物ポンプは、表層に溶け込んだCO_2が植物プランクトンなどの光合成によって有機物が生産（一次生産）され、この有機物は食物連鎖及びバクテリアの分解により、大部分が再び無機炭酸化される。この過程は海洋表層で起こり、再びCO_2となったもののうち溶解度を超えるCO_2は大気中にかえっていく。海水温が上がると有機物の分解速度は大きくなり、放出されるCO_2は増加する。海洋表層で分解されなかった有機物は海底に沈降し、バクテリアなどによって分解されて無機炭酸化され海洋に貯め込まれる。現在の推定では、この生物ポンプによって海洋中に貯め込まれる炭素量は、大気中のCO_2の炭素量の2倍程度とされている。

[**アルカリポンプ**]

海洋中では、生物の殻や遺骸などの炭酸カルシウムが溶解してイオン化[注3]し、弱アルカリ状態（pH 約8.2）になっている。大気中のCO_2は海洋中に取り込まれた後、水と反応して解離[注3]し、弱アルカリの海水を中和するように働く。すなわち、この反応で使われるCO_2の分だけ余計にCO_2を海洋中に取り込めることになる。

炭酸カルシウム（$CaCO_3$）に代表される炭酸塩の「溶解⇔石灰化」の反応[注3]

は、水温が低いほど、溶解の方向に働き、石灰化（炭酸塩の生成）を阻害する。このため、実際の海洋の炭酸塩の溶解は、比較的水温の高い海洋表層ではなく、深層などの水温の低い海域で現れやすく、沈殿物の堆積した水温の低い海底付近（深層部）で主として起きている。炭酸塩の溶解によってアルカリ性が強くなった海底付近の海水が海洋循環によって海洋表層部に到達し、大気から新たにCO_2をよく吸収するようになる。その時間的スケールは海洋循環の時間に支配され、数百年あるいはそれ以上になると考えられている。

注3）環境ミニセミナー「海洋の酸性化とは…、その影響と対策は…」（P.128）を参照

環境ミニセミナー 海洋の酸性化とは…、その影響と対策は…

海洋の酸性化

大気中のCO_2が増加し、それが海水中に溶け込むと、CO_2は水と反応して解離し水素イオン（H^+）を放出しますので、海水のpHは低下（酸性化）します。また、溶存態二酸化炭素（CO_2aq：解離せず海水中に分子として存在するCO_2）も増加するので、海水のCO_2分圧が高くなります。

$$CO_2 + H_2O \Leftrightarrow CO_2aq\,(H_2CO_3) \Leftrightarrow HCO_3^- + H^+ \Leftrightarrow CO_3^{2-} + 2H^+$$

海水の平均的なpHは、産業革命以前の大気中のCO_2濃度280ppmでは8.17程度でしたが、現在までに約0.1低下していて、特に近年では10年で約0.02低下して、低下の程度が著しく、このまま大気中のCO_2濃度が増加すれば、海洋の酸性化がより一層進むものと考えられています。

その影響は

以下のような影響が考えられます。
▶ 海洋には、有孔虫、円石藻、サンゴ類、ウニ類、貝類など炭酸カルシウム（$CaCO_3$）の殻及び骨格を持つ生物が多く生息し、海洋の表層に豊富に存在するカルシウムイオン（Ca^{2+}）と重炭酸イオン（HCO_3^-）を利用して殻や骨格

を形成します。

←石灰化
$$CaCO_3 + CO_2 + H_2O \Leftrightarrow Ca^{2+} + 2HCO_3^-$$
溶解→

しかし、海水が酸性化すると、上記の反応式が溶解の方向に働き、炭酸カルシウムの生成が阻害され、溶解が促進し、生物は殻や骨格を形成しにくくなってしまいます。

▶ 水生動物は生息環境と体内のCO_2分圧差が陸上動物に比べて小さいため、生息環境である海水のCO_2分圧のわずかな変化でも体内のCO_2分圧に及ぼす影響は大きく、水生生物の体液を酸性化させるなど代謝への影響が懸念されます。

▶ 海洋の酸性化は、海水中のCO_2を増加させることで、サンゴ礁の褐虫藻や円石藻などの水生生物の光合成活性を促進させることが考えられます。

▶ 以上のような水生生物への影響により、生態系のバランスが崩れ、水産物生産、生物資源（生物多様性）保全、水環境保全（水質浄化）、国土保全（暴風・高波被害抑制）など生態系機能（生態系サービス）の低下が懸念されます。

▶ 上述の反応式は、水温が低いほど溶解の方向に働き、炭酸カルシウムの生成を阻害し、溶解を促進する無機化学的な性質があります。このため、海洋の酸性化の影響は深層などの水温の低い海域で現れやすく、海底（地殻）の石灰岩（炭酸カルシウム）の溶解により、閉じ込められていた炭素が放出されて、海洋の酸性化が加速化することが懸念されます。

海洋酸性化の生態系への影響は、現在詳細な研究が始まったばかりで、どのような影響が、いつ頃、どんなところに、どの程度でのか、明らかになるにはもう少し時間が必要のようです。

その対策は

海洋の酸性化は、大気中のCO_2濃度の増加により一層進行し、その結果、生態系（エコシステム）のバランスが崩れ、海洋のCO_2吸収・固定効果が低下する悪循環が考えられ、大変深刻です。その対策は、現在のところ、大気中のCO_2濃度を削減すること以外にありません。

B) 海洋生物による CO_2 吸収・固定技術

大気中の CO_2 の海洋への吸収・固定は、上述のように、主に「溶解ポンプ」、「生物ポンプ」、「アルカリポンプ」の働きによる。これらの働きは、水温、水圧、塩分、海流（撹拌）などの影響を受けるうえに、互いに複雑に絡み合い、経時変化もあり、解明されていない部分が多い（特に「生物ポンプ」）。

基本的には陸上生態系の生物の CO_2 吸収・固定と同様である（「カーボンニュートラル」など）。海洋生物も、半永久的に利用可能な太陽からの光エネルギーを利用して、海水中の CO_2 を有機物として吸収・固定するという重要な働きがあり、特に、膨大な数量の植物プランクトンや大型海藻類は大量の炭素を蓄えることができる。また、海洋では植物が光合成で生産した有機物のうち表層で分解されなかったものを海底に深く沈殿させ、遠くに隔離することで長期間の炭素固定効果が期待できる。

[海洋生物による CO_2 吸収・固定技術]

海洋生物による CO_2 吸収・固定技術としては、以下のような方法が考案されている。

1）植物（プランクトン、藻類など）を用いた CO_2 吸収・固定技術

代表的な技術の概要を以下に示す。

- ▶ 鉄や窒素・リンなどの栄養塩類を海洋に散布したり、海洋構造物やポンプによって海洋深層水を表層へ移行させることにより、植物プランクトンを増殖し海底に沈降させて、CO_2 を隔離する技術。
- ▶ 植物プランクトンや藻類の培養地を設け、培養設備を使って増産して、CO_2 を吸収・固定する技術。
- ▶ コンブのような大型海藻類を浅海の岩盤に固着、生育させ、CO_2 の吸収・固定量の増大を図る技術。

2）動物（サンゴ、貝類など）を用いた CO_2 吸収・固定技術

サンゴや貝類の育成基材を海底に設置したり、生育環境を整備することにより CO_2 の吸収・固定量の増大を図る技術である。サンゴ礁は、微生物やプランクトン、小型底生動物、海藻、貝類、魚類などさまざまな生物が生息して豊かな生態系を形成し、生物生産（水産資源など）、水質・底質保全（浄化、改善）、

陸地保全（防波、護岸など）の機能を有し、人類のみならず地球環境全体に多大な恩恵を与えてくれている（図3.22「サンゴ礁の生態系」）。CO_2の循環機能についても、サンゴ類は石灰化の過程ではCO_2を放出するが、サンゴ礁周辺の植物プランクトンや藻類など一次生産者は光合成によってCO_2を吸収す

図3.22　サンゴ礁の生態系　参考文献23)
出典：環境省「サンゴ礁生態系保全行動計画2016-2020」

ることから、サンゴ礁を中心とする生態系全体としてのバイオマス（生態系ピラミッドの生体量）注4)の炭素固定効果は期待できる。

注4）本書1.1③の「海洋生態系」(P.9)、及び環境ミニセミナー「生態系ピラミッドについて」(P.10) を参照

[海洋生物を用いた技術の課題]

上述の1)、2)のような海洋生物を用いたCO_2吸収・固定技術の課題としては、以下の点が挙げられる。

- 栄養塩類（窒素・リン、鉄など）の散布や培養・育成設備基盤の設置は、生物の生息環境に大きな影響を与えるため、栄養塩類や炭素など関係する物質の生態系における物質循環や、他の生物への影響などを事前に調査することが必要である。また、定期的に事後調査（モニタリング）も行って状況を把握し、その結果に応じた順応的な対策を講じながら推進していくことが必要である（持続可能な低炭素・自然共生社会の構築）。
- 培養・育成した植物プランクトンや藻類（コンブなど）は、食料、飼料、肥料などの用途への有効利用や、エネルギー資源化（リサイクル）して、バイオマス発電や熱利用、メタン・水素生産などで化石燃料の代替として使用し、化石燃料の使用の削減を図ることが望まれる（持続可能な低炭素・循環型・自然共生社会の構築）。

4 その他温室効果ガスの緩和技術

　人間の活動によって排出される温室効果ガスの総排出量（二酸化炭素換算量）のうちで最も多いのが二酸化炭素（CO_2）で76.0％[注1]、続いてメタン（CH_4）15.8％、一酸化二窒素（N_2O）6.2％、フロン類等2.0％の順である（1章図1.20「人為起源の温室効果ガス」P.36参照）。メタン、一酸化二窒素、フロン類等の二酸化炭素以外の温室効果ガスの総排出量は全体の約1/4を占めている。また、二酸化炭素を1とした地球温暖化係数（温暖化の能力）がメタン25、一酸化二窒素298、フロン類1,430等と高い。このため、排出した場合の温暖化の影響度は大きく、排出抑制した場合の温暖化の緩和効果は高い。すなわち、メタン1 tの排出抑制は二酸化炭素25tに相当し、同様に一酸化二窒素1 tは二酸化炭素298t、フロン類（HFC_S）1 tは二酸化炭素1,430t に相当することになる。したがって、メタン、一酸化二窒素、フロン類等のその他の温室効果ガスについても、大気中濃度の上昇を抑制する緩和策が重要となる。

　ここで紹介するのは、生態系の機能（恵み）を活用して、メタン、一酸化二窒素、フロン類等の排出を抑制し、大気中濃度を緩和する技術である。

注1）わが国では、温室効果ガス総排出量（二酸化炭素換算量）の約92％を二酸化炭素（CO_2）が占め、極めて高いため、二酸化炭素の緩和策が特に重要になっている。（温室効果ガスインベントリオフィス2018発表を参考）

（1）メタン（CH_4）の緩和技術
A）メタン（CH_4）の発生源

　メタンの多くは、嫌気状態（酸素の少ない状態）において、有機物（バイオマス）がメタン生成微生物（メタン菌）によって分解（メタン発酵）されることで発生する（図3.23「メタン発生のプロセス」参照）。自然起源では、湿原などの湿地帯や池、沼地からの発生量が多い。シベリアなどの寒冷地の湿原では温暖化

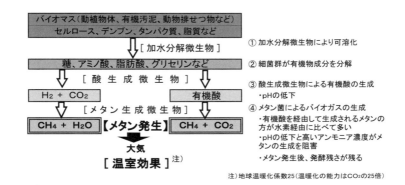

図3.23 メタン発生のプロセス 参考文献33)

が進み表面を覆っていた凍土が解け、閉じ込められていたメタンの発生による大気中濃度の上昇が問題視されている。人為的起源では、水田(稲作)、家畜の糞尿や腸管発酵(ゲップ)、下水汚泥、廃棄物埋立処分、高濃度の有機廃液、天然ガス・石炭の生産などが挙げられる。

B) メタン(CH_4)の発生抑制技術

1) 広域的・低濃度の発生源に対する技術

沼地や湿原、水田、廃棄物埋立地など広範囲から発生するメタンの抑制方法としては、①発生源である高濃度の腐敗性有機物を除去する、②空気と接触させるなど好気状態(酸素の多い状態)を作り、好気性微生物による酸化分解を促す(地球温暖化係数がより小さいCO_2として発散)、③乾燥や低温の環境状態を作る(メタン発酵の抑制)、などが挙げられる。

[例]
- 湿原や沼地:高濃度有機物(COD)や窒素・リンなど富栄養化の防止、浚渫、干し上げなど(多様な生物が生息するため、生態系の保全に留意)
- 水田:適切な施肥管理(過剰施肥の禁止)、土壌切り返し、稲わら等の施用、中干しの延長など農作業の改良
- 廃棄物埋立地:廃棄物の分別を徹底して、腐敗性有機物の埋立を禁止す

る。すでに埋め立ててしまった場所では、高濃度の腐敗性有機物の除去、土地の切り返し、雨水の侵入防止　など

2）　局所的・高濃度の発生源に対する技術

　廃棄物埋立処分場や有機廃液処理場、下水汚泥処理場、牛舎（糞尿やゲップ）、天然ガスや石炭の生産現場などの比較的高濃度の発生源に対するメタンの抑制方法としては、①発生源(はっせいもと)である高濃度の腐敗性有機物を除去する、②発生源をできる限り囲い、密閉化する[注2]、③局所的排気装置を設けて、できる限り高濃度の状態でメタンを回収する[注2]、④回収したメタンは直接燃焼または触媒燃焼して熱利用するか、または分離濃縮（吸収・吸着・膜分離）してメタン・水素原料として利用する、⑤回収できない低濃度のメタンは土壌脱臭（浄化）や生物脱臭（浄化）、活性炭吸着、触媒脱臭（浄化）などの処理[注3]により除去・分解する、などが挙げられる。

注2）事例として、メタン等のバイオガスの発散を抑制するとともに回収してエネルギー資源化する技術（筆者考案）を本書の付録資料「[1]発酵法によるバイオマス資源のエネルギー・資源化技術（発明の名称：循環空気調和型堆肥化施設）」（P.183）に掲載。

注3）後述、P.140の図3.26「各種空気浄化法（脱臭法）」を参照。

（2）一酸化二窒素（N_2O）の緩和技術

A）一酸化二窒素（N_2O）の発生源

　一酸化二窒素は、一度大気に放出されると、100年以上も存在し続ける寿命が長い安定した気体である。図3.24「一酸化二窒素発生のメカニズム」に示すように、一酸化二窒素は、亜硝酸菌・硝酸菌によるアンモニア塩の硝化や、脱窒菌による硝酸・亜硝酸塩の脱窒の過程で発生する。また、バイオマス（化石燃料を含む）が燃焼する過程でも発生する。自然界では、土壌や海洋、森林火災、落雷などが発生源となる。人間の活動に起因する主な発生源としては、農業の窒素肥料、下水や畜産のし尿、有機廃棄物の腐敗、バイオマス（化石燃料含む）の燃焼、化学工業が挙げられる。

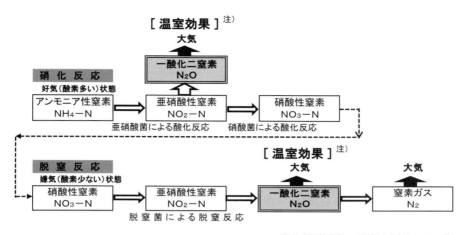

図3.24 一酸化二窒素発生のメカニズム

B) 一酸化二窒素（N_2O）の発生抑制技術

上述のように、人間の活動に起因する主な発生源は、農業の窒素肥料、下水や畜産のし尿、有機廃棄物の腐敗、バイオマス（化石燃料含む）の燃焼、化学工業である。それぞれの発生源に対する抑制技術を以下に示す。なお、1）～3）の発生源においては、一酸化二窒素は亜硝酸菌・硝酸菌によるアンモニア塩の硝化や脱窒菌による硝酸・亜硝酸塩の脱窒の過程で発生し、その発生量は、NH_4やNO_3の濃度、酸素濃度、有機物濃度（水素供与体）、pH（アルカリ度）、水分、温度などによって決定されることに留意することが必要である。4）バイオマス（化石燃料含む）の燃焼については、燃焼管理が特に重要になる。

1）農作業の窒素肥料など

- ▶ 適切な施肥管理（過剰施肥の禁止）を徹底する。
- ▶ 土壌切り返し（酸素量）や排水性（含水量）など、適切な作業方法により、効率的な硝化・脱窒を行う。

2）下水や畜産のし尿（排せつ物）

- ▶ し尿処理における硝化・脱窒プロセス（酸素濃度、水素供与体、pHなどの管理）を効率的に行い、硝化および脱窒過程におけるN_2Oの発生を抑制する。

- ▶ 発生源（排せつ物）をできるだけ囲い、局所排気装置を設け[注4]、土壌脱臭（浄化）や生物脱臭（浄化）、触媒脱臭（浄化）などの処理[注5]により、一酸化二窒素などを除去・分解する。

3）**有機廃棄物の腐敗**
- ▶ 廃棄物の3R（リユース、リデュース、リサイクル）を徹底し、腐敗性有機物の埋立処分は行わない。[注6]
- ▶ 不法投棄を禁止し、管理型埋立など適正な廃棄物処理を徹底する。
- ▶ 発生源をできるだけ囲い、局所排気装置を設け[注4]、土壌脱臭（浄化）や生物脱臭（浄化）、触媒脱臭（浄化）などの処理[注5]により、一酸化二窒素などを除去・分解する。

4）**バイオマス（化石燃料含む）の燃焼**
- ▶ 廃棄物の3R（リユース、リデュース、リサイクル）を徹底し、バイオマスの焼却ごみ量を削減する[注6]。
- ▶ 燃焼過程におけるNO_x（フューエル及びサーマル）の発生を抑制するため、①燃焼する物質の窒素含有量の低減（良質な燃料の選択）、②適切な空気比（酸素量）、③適切な燃焼温度と燃焼時間、などに留意する。これは、自動車排出ガスについても同様である。
- ▶ 燃焼排ガス中の窒素酸化物（NO_x）を除去・脱硝する方法は、次項5）に挙げたような物理化学的処理（酸化・還元）による技術[注7]が実用化・普及している。

5）**化学工業など**

排ガス中の窒素酸化物（NO_x）を除去・脱硝する方法は、乾式法と湿式法に大別される。現在、実用化・普及している主な技術を以下に示す[注7]。なお、これらの技術は、酸性雨防止対策としても有効である。

- ▶ アンモニア選択接触還元法：この方法は排ガス中の窒素酸化物（NO_x）を触媒上でアンモニア（NH_3）と反応させて、窒素と酸素に分解（還元）する方法である。触媒にはチタンやアルミナの担体にバナジウム、銅、鉄の酸化物を担持させたものが使用されている。
- ▶ 炭化水素選択接触還元法：この方法は還元剤としてメタノール、エタ

ノール、メタン、アセトン等の炭化水素を用いる。この場合、触媒としては、ゼオライトに銅などの金属をイオン交換したもの、アルミナ等の固体酸性酸化物、金属を含まない H 型ゼオライト等が高い活性を示す。

▶ 無触媒選択還元法：触媒を使用しないで高温中（850〜1,100℃）に還元剤としてアンモニアや尿素水などを吹き込み、窒素酸化物（NO_x）を選択的に反応させて窒素と水に分解する方法である。

▶ 非選択接触還元法：アンモニアを用いなくても、CO や炭化水素などの還元剤を排ガス中の残存酸素に対して当量以上添加すれば、還元雰囲気になるために窒素酸化物（NO_x）を接触還元することができる。酸素濃度の高い燃焼排ガスを処理するには、大量の還元剤が必要となりコストが高くなるため、NO_x 濃度が高く、酸素濃度が低い硝酸製造プラントの排ガス処理に使用されている。

▶ 電子線照射法：排ガスに電子線を照射し活性化させ、そこにアンモニア（NH_3）を注入し窒素酸化物（NO_x）と硫黄酸化物（SO_x）を同時に除去する方法である。

注4）事例として、メタン等のバイオガスの発散を抑制するとともに回収してエネルギー資源化する技術（筆者考案）を本書の付録資料「[1]発酵法によるバイオマス資源のエネルギー・資源化技術（発明の名称：循環空気調和型堆肥化施設）」（P.183）に掲載。

注5）後述、P.140の図3.26「各種空気浄化法（脱臭法）」を参照。

注6）事例として、廃棄物削減のシステム（筆者考案）を本書の付録資料「[3]地域分散型『次世代廃棄物処理システム』の構築」（P.191）に掲載。

注7）5）に挙げた技術のほとんどが物理化学的処理（酸化・還元）によるもので、生態系の機能を用いた処理（生物学的処理）ではなく、本書「生態系に学ぶ！ 地球温暖化対策技術」の主旨と異なるが、参考までに挙げた。

（3）フロン類等の緩和技術
A）フロンとは（特定フロン➡代替フロン➡ノンフロン）

フロンはフルオロカーボン（フッ素と炭素の化合物）の総称であり、CFC（クロロフルオロカーボン）、HCFC（ハイドロクロロフルオロカーボン）、HFC（ハ

イドロフルオロカーボン）等がある。

　特定フロンのCFCやHCFCは、安定な物質で、冷媒（カーエアコン、業務用エアコン、家庭用エアコン、冷蔵庫・冷凍機器）、断熱材（冷蔵庫、建材）、半導体や精密部品の洗浄剤、エアゾールなどさまざまな用途に活用されてきた。しかしながら、大気中に放出されると成層圏まで上昇し、紫外線で分解され、オゾンと反応してオゾン層を破壊し、地球生態系に深刻な影響を与える。また、温暖化の能力（地球温暖化係数）も極めて大きい。このため、国際的に生産規制等が行われている。

　代替フロンのHFCは、オゾン層破壊物質としてモントリオール議定書で削減対象とされた特定フロンを代替するために開発された物質で、オゾン層は破壊しないものの、温暖化の能力は二酸化炭素の100倍から10,000倍以上と極めて高く、二酸化炭素などとともに京都議定書の対象になり排出量削減の取り組みが進められている（図3.25「フロン類のオゾン層破壊と温暖化の効果」参照）。

		[特定フロン] CFC 転換 HCFC 転換	[代替フロン] HFC	CO_2
オゾン層破壊	オゾン層破壊効果（係数）	1～0.5　　0.5～0.005	0（＝オゾン層を破壊しない）	
	モントリオール議定書（＝オゾン層保護法）	生産・輸入規制 ※96年全廃　※2030年全廃	対象外	
温暖化	温暖化効果（係数）	3,800～8,100　　90～1,800 (R12=8,100)　(R22=1,700)	140～11,700 (R134=1,300)	1
	京都議定書	対象外	排出抑制（1990年比△6%） ※1 ※2	

※1　対象となる温室効果ガスCO_2換算値の総量に対する目標
※2　代替フロン等3ガス（HFC、PFC、SF6）については、
　　　地球温暖化目標達成計画（平成20年3月全部改定）により、95年比△1.6%を目標

出典：環境省「改正フロン回収・破壊法詳細版パンフレット（平成21年7月）」より

図3.25　フロン類のオゾン層破壊と温暖化の効果

　こうした動きに対応して、ノンフロンの冷媒や発泡剤の開発が進められ、アンモニアや二酸化炭素等を冷媒に用いた冷蔵庫・冷凍庫や、シクロペンタンを発泡

剤としたノンフロン断熱材が開発・実用化されている。

B）フロン類等の発生抑制技術

　特定フロンや代替フロンなどのフロン類は、自然界には本来存在しない人為起源の物質であり、自然界では分解しにくい。本書『生態系に学ぶ！地球温暖化対策技術』では、1.2 ⑥ で述べたように、生態系における物質循環のメカニズムが不明瞭な物質は使用しないことを原則としているため、ここでは、生態系の物質循環に適応できるノンフロン（アンモニアなど）の発生抑制技術と、過去に使用されたフロン類の回収・破壊（分解）技術の概要について紹介する。

1）ノンフロン（アンモニアなど）の発生抑制技術

　冷媒などに用いるアンモニアなどノンフロンの発生抑制方法としては、①発生源をできる限り密閉化する、②発生源に局所的排気装置を設けて、ノンフロンを冷却凝縮などで回収・再利用する、③低濃度のノンフロンは生物脱臭（空気浄化）や活性炭吸着などの処理により除去・浄化する、などが挙げられる。

　③の処理に用いる空気浄化法（脱臭法）を図3.26（「各種空気浄化法（脱臭法）」）に示す。

　また、この中で代表的な充てん塔式生物空気浄化法（脱臭法）及び活性炭吸着法のシステムフロー（例）を図3.27に示す。

2）フロン類の回収・破壊（分解）技術

　特定フロンのCFCやHCFCは、冷媒（カーエアコン、業務用エアコン、家庭用エアコン、冷蔵庫・冷凍機器）、断熱材（冷蔵庫、建材）、半導体や精密部品の洗浄剤、エアゾールなどさまざまな用途に活用されてきた。

　現在、わが国では、カーエアコンは自動車リサイクル法によって、家庭用の冷蔵庫及びエアコンについては、家電リサイクル法に従って、それぞれフロン類の回収が行われている。また、業務用のエアコン及び冷蔵庫・冷凍機器については、フロン排出抑制法（旧フロン回収・破壊法、2015年4月改正）に基づいて回収が行われている。

　フロンの回収技術[注8]は、ガス状のフロンを吸引して圧縮機で圧縮し、圧縮ガスを冷却液化してボンベ（回収容器）に入れる「ガス圧縮方式」等がある。

フロン破壊技術^{注8)}としては、ロータリーキルン法、セメントキルン法、プラズマ分解法等があり、「CFC破壊処理ガイドライン（環境省）」に破壊処理の要件が示されている。

注8）ほとんどが物理化学的処理による技術であり、生態系の機能を用いた処理（生物学的処理）技術ではなく、本書『生態系に学ぶ！　地球温暖化対策技術』の主旨と異なるため、詳細は省略した。

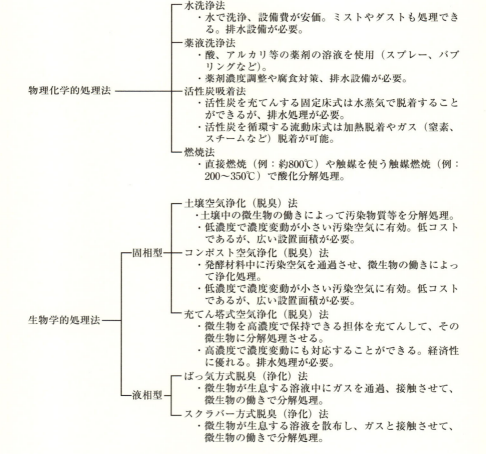

図3.26　各種空気浄化法（脱臭法）

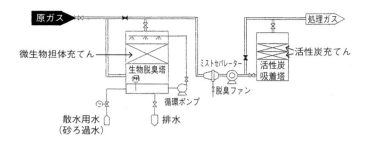

図3.27 充てん塔式生物空気浄化法(脱臭法)及び活性炭吸着法 参考文献34)

3.2　生態系の機能(恵み)を活用した適応技術

　ここに挙げる生態系の機能（恵み）を活用した適応技術とは、気候変動による悪影響の防止・軽減や好適な環境への転換を図るため、1.2③の図1.16「地球生態系からの恵み」(P.29)に示す、生産機能、生物資源保全機能、国土保全機能、環境保全機能などの生態系の機能（恵み）を有効に活用して、自然・人間・社会・経済システムを調整する技術である。

　本来の健全な地球生態系は多くの機能（恵み）を有し、気候変動のストレスにも対応することができる。ゆえに、健全な地球生態系の確保（保全対策）が最も重要な適応策になる。そして、それを基調にしたうえで、表3.5「分野別影響と適応策」(P.144～145)に示すそれぞれの分野において、すでに起こりつつある、または予想される気候変動の悪影響に対して、生産機能、生物資源保全機能、国土保全機能、環境保全機能などの生態系の機能（恵み）を補足・補完的に有効活用することが重要になる。例えば、表3.5に示す分野別影響や適応策に対しては、次のような「生態系の機能を活用した適応技術（例）」が考えられる。

　[生態系の機能を活用した適応技術（例）]
　1．[農業分野] 高温による生育障害、品質低下、病害虫増加
　　　生物資源保全機能（生態系が保有する遺伝子資源）の活用
　2．[水産業分野] 植物プランクトンの現存量の変動や一次生産力の低下
　　　海洋生態系の物質循環機能の活用
　3．[水環境分野] 水質の変化
　　　水域生態系の水質浄化機能の活用
　4．[水資源分野] 渇水の増加
　　　森林生態系の水源涵養機能の活用
　5．[自然生態系分野] 生態系と種の分布等の変化
　　　陸域（森林、草原など）の生態系と水域（海洋、湖沼、河川）の生態系の物質循環機能や環境保全（浄化）機能を活用した、外来種の防除・水際対策、希少種の保護増殖、海岸・干潟・湿地・藻場・サンゴ礁の保全・再生など

6．[自然災害分野] 水害や土砂災害
　　森林生態系の水源涵養機能や国土保全機能（洪水防止・土砂浸食防止・土砂崩落防止など）の活用
7．[国民生活分野] 熱中症のリスク増大や快適性の損失
　　植物を中心とする生態系の空気調和（浄化）機能の活用

　ここでは、この中から3、6、7を取り上げて、「生態系の機能を活用した適応技術」の方法や効果、留意点、課題などについて、以下の①～③に紹介する。

① 「水環境分野」の適応技術
　　　　―水域生態系の水質浄化機能の活用― ……………………………………… 146
② 「自然災害分野」の適応技術（水害及び土砂災害の防止技術）
　　　　―森林生態系の水源涵養機能及び国土保全機能の活用― ……………… 152
③ 「国民生活分野」の適応技術（ヒートアイランド対策技術）
　　　　―植物の空気調和（浄化）機能の活用― …………………………………… 161

表3.5　分野別影響と適応策　参考文献35)

分　野	影　響	適　応　策
農業、森林・林業、水産業	・高温による生育障害や品質低下、病害虫の増加など ・極端現象（多雨・渇水）による生産基盤への影響など ・漁業：海洋生物の分布域の変化、植物プランクトンの現存量の変動や一次生産力の低下等による漁獲量の減少など	・高温対策として、肥培管理、水管理等の基本技術の徹底を図るとともに、高温耐性品種の開発・普及を推進など ・病害虫対策として、発生予察情報等を活用した適期防除、防除方法等の徹底など ・漁業：有害プランクトン大発生の要因となる気象条件、海洋環境条件を特定し、衛星情報や各種沿岸観測情報の利用による、リアルタイムモニタリング情報を関係機関に速やかに提供するシステムの構築など
水環境・水資源	・水環境：水温、水質の変化（DO低下、藻類増加、微生物反応促進等）、流出入特性の変化（土砂や栄養塩類等）など ・水資源：渇水の増加（頻発化、長期化）など	・水質のモニタリングや将来予測に関する調査研究、及び水質保全対策（汚濁負荷の低減、及び沈殿池、選択取水設備、曝気循環設備の設置等）など ・渇水リスクの評価、情報共有、協働対応 ・地下水の保全 ・雨水・再生水の利用など
自然生態系	・陸域：気温の上昇や融雪時期の早期化等による植生の衰退や分布の変化、野生鳥獣の分布の変化など ・湖沼：水温の上昇による鉛直循環の減少、貧酸素化、富栄養化など ・湿原：乾燥化、流域負荷（土砂や栄養塩類等）の増大など ・海洋：植物プランクトンの現存量の変動や一次生産力の低下、酸性化など ・生物：分布域の変化、ライフスタイルの変化、種の移動・消滅など ・生物季節：開花時期、初鳴きなど生物季節の変動	・生態系と種の分布等の変化を把握するため、モニタリングの強化・拡充 ・健全な生態系の保全と回復（汚染・汚濁、開発・過剰利用、外来種侵入などの負荷の低減） ・多面的な機能を有する生態系ネットワークの構築（外来種の防除・水際対策、希少種の保護増殖、海岸・干潟・湿地・藻場・サンゴ礁の保全・再生など）

分 野	影 響	適 応 策
自然災害・沿岸地域	・短時間強雨や大雨に伴い、水害の発生頻度の増加、及び土砂災害等の増加など ・大雨による甚大な水害、台風の増加等による高潮・高波のリスク増大など ・強風や台風、竜巻による被害の増加など	・水害や土砂災害：森林の整備・保全（水源涵養・土地保全）、及び堤防や洪水調節施設、下水道等の適切な整備・維持管理・更新（改良）など ・災害リスクを考慮したまちづくり・地域づくりの促進、及び施設の運用、構造、整備手順等の工夫による減災 ・災害に強い低コスト耐候性ハウスの導入等の推進、及び異常気象の状況を知らせる情報の活用など
健康	・暑熱：気温の上昇による超過死亡、熱中症の増加など ・動物媒介性伝染病の拡大、水・食物由来の伝染病の増加、食料・水供給の不足拡大など	・気象情報の提供や注意喚起、予防・対処法の普及啓発、発生状況等に係る適切な情報提供など ・媒介蚊など病害虫の定点観測、幼虫の発生源対策、成虫の駆除対策、病害虫対策に関する注意喚起等の対策、及び感染症の発生動向の把握など
産業・経済活動	・産業：平均気温の上昇による生産活動の立地場所の選定に影響など ・金融・保険：保険損害の増加など ・観光：風水害による旅行者への影響、自然資源を活用したレジャーへの影響など ・移住者や旅行者を通じた感染症の拡大など	・官民連携により事業者における適応への取組や、適応技術の開発の促進など ・リスク管理の高度化に向けた取組など ・旅行者の安全を確保するため、災害時避難誘導計画の作成促進、情報発信アプリやポータルサイト等による災害情報・警報、被害情報、避難方法等の提供など
国民生活・都市生活	・記録的な豪雨による地下浸水、停電、地下鉄への影響など ・渇水や洪水、水質の悪化等による水道インフラへの影響、豪雨や台風による切土斜面への影響など ・熱中症のリスク増大や快適性の損失等、都市生活に大きな影響など ・ヒートアイランド現象に気温上昇が重なることで、都市域ではより大幅な気温上昇が懸念	・物流、鉄道、港湾、空港、道路、水道インフラ、廃棄物処理施設、交通安全施設における防災機能の強化 ・気温上昇とヒートアイランド現象の緩和のため、1）緑化や水の活用による地表面被覆の改善、2）人間活動から排出される人工排熱の低減、3）都市形態の改善（緑地や水面からの風の通り道の確保等）、4）ライフスタイルの改善、5）観測・監視体制の強化及び調査研究の推進、6）人の健康への影響を軽減する適応策（暑さ指数／WBGTなど熱中症予防情報の提供等）の推進など

1 「水環境分野」の適応技術
―水域生態系の水質浄化機能の活用―

　水環境分野における気候変動の悪影響としては、河川や湖沼、海洋などの水域における水温や水質（DO低下、藻類繁殖、生物反応促進、酸性化等）、流出入特性（土砂や栄養塩類等）の変化などが挙げられる。
　これらの悪影響に対する適応策として、河川や湖沼、海洋などの水域の生態系の水質浄化機能の活用が有効である。

水域生態系の水質浄化機能とは

　地球上では水は常に循環して（図1.13「地球の水循環」P.24）、その過程で生態系の水質浄化機能によって清澄な水を確保し、健全な水環境を維持できるようになっている。特に、河川、湖沼、海洋などの水域とその周辺（水辺）の水環境には、多様な生物が生息し、豊かな生態系が構築され、食物連鎖を通じた浄化などの水質浄化機能が高い（図3.28「水域と水辺の生態系」）。
　水域生態系の食物連鎖による水質浄化機能は、低次レベルの付着藻類や植物プランクトン及びバクテリア、高次レベルの動物プランクトンや原生動物及び後生動物などの生物群が大きく貢献し、それらの関係はピラミッド型で表される（図3.29）。ピラミッドの底辺を支えるのは、窒素やリンなどの栄養塩類を摂取する一次生産者の付着藻類や植物プランクトン、及び有機物を分解する一次消費者のバクテリアである。これらを捕食して生活する動物プランクトンや原生動物及び後生動物が二次消費者であり、さらにこれらを捕食する魚類が三次消費者となる。したがって、多様な種類の生物が生息する高いピラミッドほど、捕食による汚濁物質などの分解能力が高く、水質浄化機能が向上していることになる。
　また、有機物を含む汚濁水が河川等の水域を流下・移動すると水質浄化が進行する。水が流動する際に起こる汚濁物質の運搬、希釈、拡散、沈殿などの物理的浄化、汚濁物質の化学的酸化・還元、吸着、凝集などの化学的浄化、及び底質や

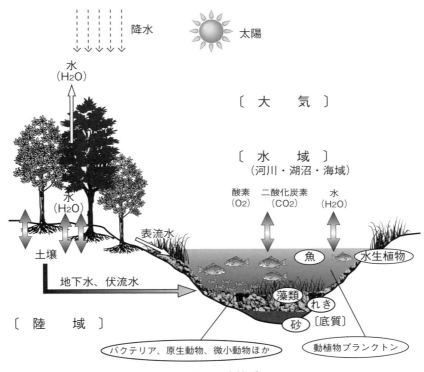

図3.28　水域と水辺の生態系　参考文献36)

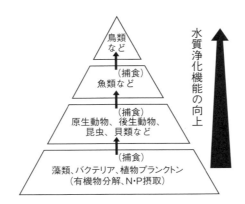

図3.29　水域の生態系ピラミッド　（参考文献37）をもとに作成）

3章　生態系に学ぶ！　地球温暖化対策技術　147

水中の生物による生物的酸化・還元などの生物学的浄化のいずれも水域生態系の水質浄化機能である。

このような水域生態系の水質浄化機能は、生態系における物質循環が損なわれない自己再生（浄化）の許容範囲内であれば、気候変動による水温（熱収支）や水質（DO低下、藻類繁殖、生物反応促進、酸性化等）、流出入特性（土砂や栄養塩類等）の変化などにも対応することができる。

気候変動のストレスに強い水環境の形成─水域生態系の保全対策・技術─

気候変動のストレスに強い水環境を形成するためには、河川等の水域の生態系の水質浄化機能を高い状態で維持する、水域生態系の保全対策・技術が重要になる。

水域生態系の保全対策・技術は、1章1.1 ⑦（P.17）で述べたように、環境問題の原因とされている対象物質（水、熱、有機物／COD・BOD、栄養塩類／N・リン・カリ、炭素、炭化水素類、有害化学物質など）の水域生態系における物質循環のメカニズムを把握し明確にしたうえで注1）、「（1）水域生態系への負荷の低減〔持続可能な循環型水環境の形成〕」を図り、「（2）不健全な水域生態系の修復と健全で恵み豊かな水域生態系の創出」を推進することが重要となる。

（1）水域生態系への負荷の低減〔持続可能な循環型水環境の形成〕

水域における環境問題の原因となる対象物質（水、熱、有機物／COD・BOD、栄養塩類／N・リン・カリ、炭素、炭化水素類、有害化学物質など）に関して、1章1.1 ⑥の図1.9「人間社会と生態系の関わり」（P.15）に示す生態系における摂取と排出の収支を予測注2）して、水域の生態系の浄化・再生能力の許容範囲を超える摂取や排出をしないよう、人間社会における物質・エネルギーの循環率を高め、水域生態系への負荷の低減を図る。すなわち、持続可能な循環型水環境を形成する（図3.30）。

（2）不健全な水域生態系の修復と健全で恵み豊かな水域生態系の創出

不健全な水域生態系の修復と健全で恵み豊かな水域生態系を創出するため、人

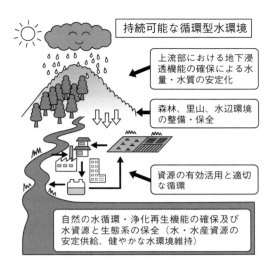

図3.30　持続可能な循環型水環境の形成　（参考文献37）をもとに作成）

間の活動と水域生態系の不健全化の関係（図3.31）を明確にして、それに沿って対策を講じ、人間の諸活動と水域生態系（物質循環）を調和させ、自然との共生を図る。

基本的な対策

a）人間の諸活動によって排出された汚濁負荷の除去（接触酸化法、植生浄化法、底泥や河道の浚渫・被覆など）。

b）人間の活動によって失われた自然的要素の修復・復元により、水域の生態系の健全化を図る。

　［例］
- ▶ 水生植物及びその周辺に生息する付着生物や小動物を保護し、これらの生物による水質浄化機能により、汚濁負荷の低減を図る。
- ▶ ビオトープ作りを通して、特定の生物（絶滅危惧種など）を生息させるための環境を修復・復元する（環境ミニセミナー「ビオトープによる修復・復元」P.151参照）。
- ▶ バイオマニピュレーション[注3]手法を導入する。

3章　生態系に学ぶ！地球温暖化対策技術　149

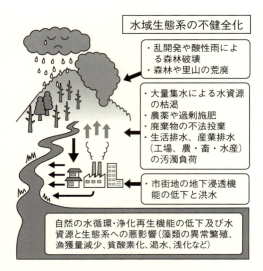

図3.31 人間活動と水域生態系の不健全化の関係 (参考文献37) をもとに作成）

c）集水域における自然環境保全地域の指定や規制による原生的な自然の保全、森林・農地・水辺・生物生息空間・緑地などの整備・保全。
d）集水域における山地、里地、平地の植生復元や生物生息環境の修復・保全。
e）生物多様性条約などに基づく生物多様性の確保や野生動植物の保護管理など。
f）人間社会から生態系に排出（液体・固体・気体）する場合、多様な生物が生息する生態系模擬領域（ビオトープ、人工干潟、人工林など）を設け、そこで一旦、馴化・馴致処理を行い、模擬的生態系になじませた後、自然生態系に排出する。

注1）生態系における物質循環のメカニズムが不明瞭な物質・エネルギーは使用（排出・摂取）しないことを原則とする。
注2）環境問題の原因となる対象物質・エネルギーは、他の物質・エネルギーやさまざまな生物と関連し合っているので、全体観に立って総合的に予測することが必要。
注3）バイオマニピュレーション（生態系操作）とは、人為的な操作によって水域の水質浄化や生態系の管理を行うこと。慎重な対応が必要。

環境ミニセミナー ビオトープによる修復・復元

　ビオトープとは、「生物が住む場所（生物生息空間）」という意味です。最近では、「生物が住みやすい環境のこと、または生物が住みやすいように環境を改変すること」を指します。ビオトープ作りとは、野生生物の生息・生育環境を保全・修復・創造し、地域の生物の多様性の保全と復元を図ることです。

　ドイツでは各地において人工化された水路などを再自然化し、豊かな生物相を回復することにより、環境の改善を図るビオトープ事業が実践されています。我が国でも1990年代頃から環境共生の理念のもとで、公共事業の多自然型川づくり（図S.11）、ミティゲーション（人間の活動による環境に対する影響を軽減するための保全行為）、里山保全活動などの取り組みが全国各地で繰り広げられています。

　ただし、ビオトープなど環境の改変を人為的に行うにあたっては、外来種の繁殖などにより在来の生物に悪影響を与えることのないよう、慎重な対応が求められます。

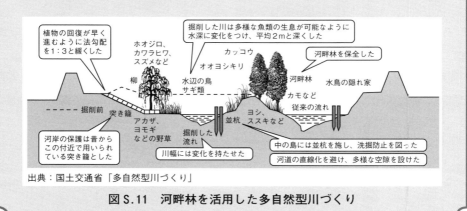

出典：国土交通省「多自然型川づくり」

図S.11　河畔林を活用した多自然型川づくり

2　「自然災害分野」の適応技術（水害及び土砂災害の防止技術）
―森林生態系の水源涵養機能及び国土保全機能の活用―

　森林生態系は、国土保全、水源涵養、生物多様性の保全、地球温暖化の緩和、林産物の供給など多面にわたる機能を有し、人類に多大な恩恵を持続的に与えてくれる（図3.32「森林の多面的機能」）。

　自然災害分野における気候変動の悪影響としては、短時間強雨や大雨にともな

図3.32　森林の多面的機能　参考文献38)

う水害の発生頻度の増加、及び土砂災害等の増加などが挙げられる。これらの悪影響に対する適応策として、森林生態系の水源涵養機能及び国土保全機能（水害及び土砂災害の防止など）の活用が有効である。

　特に近年、局所的豪雨や短時間強雨による水害や土砂浸食・崩落が多発し、被害が拡大して深刻な影響を与えているため、水害や土砂浸食・崩落を防止（緩和）する、森林生態系の有する水源涵養機能や国土保全機能に対する期待は大きい。

森林生態系の水源涵養機能と国土保全機能とは
【水源涵養機能】

　森林生態系の土壌表面には、植物が枯れて落ちた枝・葉などの多くの堆積物があり、そこには小動物や微生物など多くの土壌生物が生息している。この土壌生物の活動により、森林生態系の土壌には「孔隙（こうげき）」と呼ばれる大小無数の孔が存在しスポンジのようになり、大きな孔隙では雨水はすみやかに地中に浸透し、小さな孔隙ではゆっくり移動し保水の機能も持つようになる。このため、土壌に多量の降雨があった場合は一度に大量の水を流出させないように、逆に降雨のない場合でも徐々に水を流出させる働きを持っている。すなわち、森林生態系の土壌は、降雨を一時貯留し、徐々に移動流出させることで水の流出を平準化する水源涵養機能を有する。この機能によって、洪水や渇水は緩和され、川の流量は安定化される。また、雨水が森林内の土壌を通過することにより、水質は浄化される。

【国土保全機能】

　森林には、降雨の際、雨滴が落ちてくる時に立木や地表面にある落葉、落枝、植生に当たることで落下時のエネルギーを減少させて、土壌に当たる時の衝撃を和らげるとともに、地表面を流れる水の流速を緩和する効果があり、結果として土壌の崩壊、浸食を防ぐ働きをしている（図3.33「森林の表面浸食防止機能」）。また、森林は、樹木や植生が地下に根を張りめぐらしていることによって土壌・地盤を固定して、すべりに抵抗する力が大きくなり、結果として表層崩壊を防ぐ働きをしている（図3.34「森林の土砂崩壊防止機能」）。これらの効果と働きは、降雨をともなう強風や台風などの異常気象にも有効である。

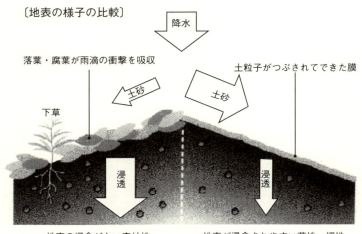

図3.33　森林の表面浸食防止機能　参考文献39)

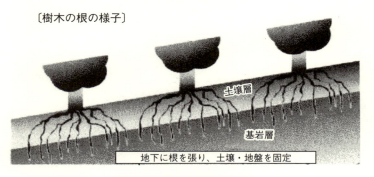

図3.34　森林の土砂崩壊防止機能　参考文献39)

気候変動のストレスに強い国土(土壌環境)の形成
―森林生態系の保全対策・技術―

　強雨や大雨など異常気象のストレスに強い国土(土壌環境)を形成するためには、森林生態系の水源涵養機能及び国土保全機能を高い状態で維持する、森林生態系の保全対策・技術が重要になる。

森林生態系の保全対策・技術

【留意点】

　林野庁「土砂流出防止機能の高い森林づくり指針（平成27年３月）」（林野庁森林整備部）では、土砂流出防止機能の高い森林整備を実施するためのフローを示している（図３.35）。これを参考にすると、森林生態系の保全対策は、１）広域的調査・評価、２）森林の現況調査・判断（状況把握）、３）実施計画立案（目標設定）、４）整備・保全の実施、５）モニタリングの実施・評価、改善の実施、以上のフローに沿って実施することになる。

　森林生態系は（図３.32「森林の多面的機能」に示すように、国土保全や水源涵養のほか、地球温暖化の緩和、生物多様性の保全、木材等の林産物の供給等の多面的機能を有している。このため、森林生態系の保全対策・技術を実施するにあたっては、「国土保全機能の維持・向上（土砂災害防止）」など、目的・方針を明確にしたうえで、ほかの機能にも配慮しながら、総合的に評価・判断・実施することが必要となる。

【目的・目標の設定】

　国土保全機能（土砂災害防止など）の高い森林とは、一般的には、以下のような森林である（図３.36）。

- ▶ 林相：多様な樹種からなる針広混交林や広葉樹林など。
- ▶ 樹幹：木の幹が太く、倒れにくい。
- ▶ 樹冠：適度にうっ閉しており、林内は明るく、落葉・落枝の供給が豊富。
- ▶ 下層：さまざまな草本類・木本類の植生に覆われている。
- ▶ 根系：鉛直根と水平根が成長し、深く、広い範囲によく発達している。

　更に、土砂災害に強い森林は、目的別には以下に示すような特徴がある。このため、森林生態系の保全対策の目的に沿って、どのような森林生態系にするか、具体的な目標を設定することが必要になる。

［崩壊防止型の森林］
崩壊を発生させないことを目的とする森林。

- ▶ 根系が発達し、土壌緊縛力が大きい。

1）広域調査
　広域の流域単位の広がりから災害が発生しやすい流域を抽出する

注意すべき立地環境の評価	植物生育環境の評価	社会環境の評価
・地形 ・土質・地質・土壌 ・気象（気温、降水量、積雪量等）	・植生図 ・希少種等	・保全対象 ・法指定区域 ・災害履歴

土砂流出防止機能の高い森林の必要性について広域的評価

2）森林の現況調査
　対象地域およびその周辺の状況を把握し、森林づくりのための基礎的資料を得る

現地立地環境の把握	林況の把握	保全対象の把握
・地形 ・土質・地質 ・土壌 ・地下水	・森林調査 ・鳥獣害 ・病虫害 ・気象害	

土砂流出防止機能の高い森林の必要性について判断

――――――――土砂流出防止機能の高い森林づくりの実施――――――――

3）整備計画の立案

整備目標の設定	整備目標の決定
・森林の機能区分の設定 ・林種区分の設定	・森林整備指標値と現況との比較

↓

4）森林整備の実施

↓

5）モニタリングの実施、評価、改善の実施

図3.35　土砂流出防止機能の高い森林づくりフロー　参考文献41)

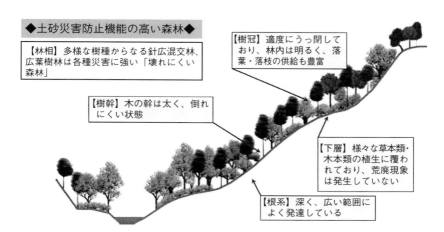

図3.36　土砂災害防止機能の高い森林　参考文献42)

　根系ネットワークが発達することにより斜面の補強強度が増し、崩壊が発生しにくい。
▶ 樹冠が適度にうっ閉している。
　樹冠が適度にうっ閉した森林は林内の光環境が良好で、下層植生が発達成長することで表面浸食されにくく、土砂の流出を防止する。
▶ 地表への落葉・落枝等の供給が豊富。
　地表への落葉・落枝の供給により森林土壌が発達し、地表流、表面浸食、雨滴の衝撃による土砂流出を防止できる。
▶ 適合樹種（例）
　ミズナラ、コナラ、クヌギなどナラ類のほか、ケヤマハンノキ、アカシデ、ケヤキなどの広葉樹類、アカマツ（ただし広葉樹混交が望ましい）　など。

[崩壊土砂抑止型の森林]
上部からの崩壊土砂や落石を受け止め、下方への流下エネルギーを軽減し、土砂災害を拡大させないことを目的とする森林。
▶ 根系が発達し、樹幹支持力が大きい。
　根系の発達により樹木が倒伏しにくくなり、災害緩衝機能が高い。
▶ 樹木の直径が大きい。

樹木の肥大成長が促進され、直径が大きくなることで、崩壊土砂や落石等の衝撃力に対する樹木の抵抗力を高める。
- ▶ 地表への落葉、落枝等の供給が豊富。
地表への落葉・落枝の供給により森林土壌が発達し、地表流、表面浸食、雨滴の衝撃による土砂流出を防止できることに加え、落葉・落枝による林床被覆により、落石等の運動エネルギーを吸収することができる。
- ▶ 適合樹種（例）
ミズナラ、コナラ、クヌギなどナラ類のほか、ブナ、クリ、ケヤキ、ホオノキ、シナノキなどの広葉樹類、スギ（ただし広葉樹混交が望ましい）　など

［渓畔林型の森林］

渓流沿いに繁茂し、洪水時に流木発生源にならない、また、上部からの土石流を受け止め、下方への流下エネルギーを軽減し、土砂災害を拡大させないことを目的とする森林。

- ▶ 根系が発達し、樹幹支持力が大きい。
根系の発達により樹木が倒伏しにくい。
- ▶ 樹木の直径が大きい。
樹木の肥大成長が促進され、直径が大きくなることで、土石流等の衝撃力に対する樹木の抵抗力を高める。
- ▶ 湿性環境や流水の影響に強い樹種からなる森林。
渓流沿いに位置することから、湿性環境でも根系を十分に発達できる樹種を導入することで、倒木が発生しにくく、渓岸浸食を防止できる。
- ▶ 適合樹種（例）
クリ、オニグルミ、ケヤキ、シナノキ、サワグルミ、カツラ、トチノキなどの広葉樹類、スギ（ただし広葉樹混交が望ましい）　など。

【実施】

森林生態系の保全対策・技術には植栽（造林）、下刈り、除伐、間伐、気象害・鳥獣害・病虫害対策、希少動植物保護、外来種対策などの方法があるが、ここでは「植栽」と「間伐」の代表例を紹介する。

なお、一般に森林の国土保全機能（土砂災害防止など）が高度発揮されるのは成熟～老齢段階の森林と考えられているため、この点を考慮して中長期的な視野のもとで施策を実施する必要がある。

[**植栽**]

「植栽」は、現況の森林を目標林型の森林に誘導・造成するために、間伐等の施業実施による林内の光環境の改善と併せて、下層に植生を速やかに導入することを主な目的として実施する。例えば、上層の主林木を残存させる場合の植栽は、土壌が発達している箇所で行い、植栽する苗木は一般造林苗木を基本とし、以下の条件を具備しているものを用いる。

- ▶ 枝張りが大きく、四方に均等に伸びている。
- ▶ 根元径が太く、側根がよく発達している。
- ▶ 病虫害にかかっていない、優良な品種・系統の苗木。

また、上層の主林木を残存させない、あるいは、森林が成立していない場合は（崩壊地、山腹工・渓間工施工敷、伐採跡地等）、速やかに植栽を実施することとし、植栽にあたっては、先駆樹種の導入による早期の樹林化を検討するとともに、簡易治山施設（柵・筋工等）による植栽基礎工を検討し、使用する苗木は、上層の主林木を残存させる場合と同様に、上記の条件を具備したものを基本とする。

[**間伐**]

1）間伐の方針

森林の現況に応じて間伐の方針を決定する。例えば、現況森林が適正管理されていない場合は、主林木は高齢・大径木へ誘導して保残しつつ、林内相対照度を適度に確保できる適正密度とするための、早期の強度間伐を行う。また、現況森林が適地適木でない場合は、主林木は疎仕立てとして高齢・大径木へ誘導して、形状比が小さく樹冠長率が高い立木を優先的に保残しつつ、立地環境に適応する適地適木の広葉樹に樹種転換するための、早期の強度間伐を行う。

2）間伐の基準

下層植生の良好な発生と生育の目安となる光環境は、おおよそ相対照度

（RLI：林内の光量／林外の光量×100）で約20％以上とされている。この値を基に間伐の基準（森林の密度指標である収量比数 Ry）を決定する。

3）間伐方法

　間伐には、図3.37に示すように下層間伐、上層間伐、列状間伐等、いくつかの方法があるが、森林の土砂災害防止機能を損なうことのないよう、対象森林の特性を十分考慮して適切な方法を選定する。なお、間伐後の立木配置は、立木間隔（幹距）をできるだけ均等にする。

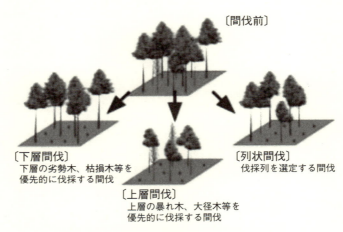

図3.37　代表的な間伐の方法　参考文献42)

4）伐木の利用

　間伐で発生する伐木は、搬出や現場内利用等により可能な限り有効利用する。現場内利用をする場合には、土壌浸食・流亡の防止、植生基盤の安定、土壌の保湿性の向上による天然更新の促進等のために、筋工等の簡易治山施設として積極的に利用する。

3　「国民生活分野」の適応技術(ヒートアイランド対策技術)
―植物の空気調和(浄化)機能の活用―

　国民生活分野における気候変動の悪影響として、気温の上昇による熱中症のリスク増大や快適性の損失などが挙げられる。特に都市域では、ヒートアイランド現象(「環境ミニセミナー「ヒートアイランド現象とは」P.162参照)が重なり、大幅な気温の上昇が懸念される。

　この適応策として、植物を中心とする生態系の空気調和(浄化)機能の活用が有効である。

植物の空気調和(浄化)機能とは

　植物を中心とした生態系(森林生態系など)は、さまざまな生物が生息し、おいしい水ときれいな空気を作る源となっている(図1.5「森林生態系の概要」P.8参照)。

　特に植物は、光合成や呼吸、蒸散などの働きにより、高い空気調和(浄化)機能を有している。植物を中心とした生態系の空気調和(浄化)機能を以下に挙げる。

【植物を中心とした生態系の空気調和(浄化)機能】

▶　光合成の働きにより、温暖化の原因物質である空気中の二酸化炭素(CO_2)を吸収・固定し、人間など動物の生命維持に必要な酸素(O_2)を放出する。

▶　多くの植物は根に十分な水分がある状態では、周辺の空気が乾燥すると、蒸散によって葉から水分を蒸発し、蒸発の潜熱は周辺の空気の熱を吸収(冷却)する。空気が湿潤な状態になれば気孔が閉じ、蒸散が止まる。これにより周辺空気を55〜60%の快適な湿度環境に保ち、自然の加湿器として使われている事例もある。

▶　気温の上昇や空気の乾燥にともない、土壌中の水分や植物(葉、枝、幹、

3章　生態系に学ぶ！地球温暖化対策技術

環境ミニセミナー ヒートアイランド現象とは

　ヒートアイランド現象とは、都市域の中心部の気温が郊外に比べて島状に高くなる現象です。主な原因としては、人工排熱の増加（建物や工場、自動車などの排熱）、地表面被覆の人工化（緑地の減少とアスファルトやコンクリート面などの拡大）、都市形態の高密度化（密集した建物による風通しの阻害や天空率の低下）の3つが挙げられています（図S.12）。

　東京都などの都市域は近年、ヒートアイランド現象が顕著であり、熱帯夜の増加による睡眠障害、熱中症の発生の増加、大気拡散の阻害による大気汚染、集中豪雨の増加、エネルギー（空調冷房）の増大とそれにともなう悪循環などに影響を及ぼし、深刻な社会問題となっています。

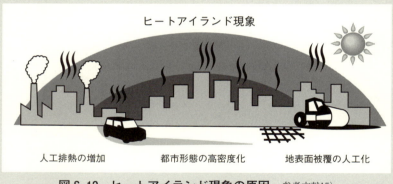

図S.12　ヒートアイランド現象の原因　　参考文献15)

　　根など）に付着した水分が蒸発し、蒸発の潜熱は周辺の空気の熱を吸収（冷却）する。
▶　樹木を中心とした緑化は、一定程度の太陽光を反射し、また伝導熱を抑制し、木陰の快適環境を形成する。
▶　光合成や呼吸にともなう気孔からのガス交換作用によって、空気中の汚染物質は吸収され、植物体内に取り込まれる。吸収される大気汚染物質として

は、揮発性有機化学物質（VOC）や窒素酸化物（NO_x）、硫黄酸化物（SO_x）などが確認されている。

▶ 空気中のNO_x、SO_xなどの大気汚染物質が溶け込んだ降雨が、葉の表面から植物体内に吸収される（葉面吸収）。

▶ 空気中のNO_x、SO_xなどの大気汚染物質が気流（風）により、植物と接触し、葉の表面などに付着（吸着）して植物体内に吸収される（葉面吸収）。

▶ 蒸散によって根の周辺の水分が植物の体内に移動し、それにともない根周辺の空気が土の中に引き込まれ、空気中のNO_xなどの大気汚染物質が根付近に多く存在する微生物に吸収（吸着）される。また、空気中のNO_xなどの大気汚染物質が溶け込んだ降雨が土壌に浸水して、降雨を介して、根付近の土壌微生物に取り込まれる。

▶ 植物に吸収された汚染物質は、根圏（根及び、その周辺土壌）まで流れ、土壌に固定される。最終的には、そこに生息する土壌微生物によって分解される。

▶ フィトケミカルは、植物が有害物質や有害微生物、害虫から自らを守るために出している物質である。植物周辺の空気環境へのフィトケミカル放出により、汚染物質やカビなどの浮遊有害物質を抑制する効果が期待される。

以上のように「植物を中心とした生態系の空気調和（浄化）機能」は、生活環境における気温上昇の抑制(冷却)、湿度の調整、汚染空気の浄化、快適環境の形成などの働きがあり、気候変動による気温の上昇とヒートアイランド現象の悪影響である、熱帯夜の増加による睡眠障害、熱中症の発生の増加、大気汚染、快適性の損失などの適応策として有効である。また、これを活用することにより、エアコン等の空調冷房のエネルギー消費を抑制することができ、温暖化及びヒートアイランド現象の緩和策としても有効である。

気候変動（気温上昇）とヒートアイランド現象の適応技術
―植物の空気調和（浄化）機能の活用―

生活環境における、気候変動とヒートアイランド現象による気温の上昇に対する適応策として、上述の「植物を中心とした生態系の空気調和（浄化）機能」を

活用する技術は、次の3つに大別することができる。
　a）都市域における森林の整備・保全、及び空き地や公園などの緑化の推進
　b）建築物への屋上緑化や壁面緑化の導入、敷地内の自然被覆化や樹木緑化の推進（図3.38「建築物のヒートアイランド対策（例）」）
　c）最も身近な生活環境である屋内（室内）に観葉植物などの植栽を活用
　この中でb）は、空調負荷低減による省エネルギー効果や夏季の熱中症対策など多くの効果が期待できるため、近年、関心が高く、注目されている。b）の「建築物への屋上緑化や壁面緑化の導入」の留意点、効果、課題について以下に紹介する。

建築物への屋上緑化や壁面緑化の導入
1）屋上緑化や壁面緑化の留意点
　わが国では、屋上緑化・壁面緑化の推進のため、多くの地方自治体で条例や助成制度を設けている。緑化に当たっては、これらに従って対処することが必要となる。例えば東京都などを参考にすると、屋上緑化や壁面緑化等の緑化に当たっては、次の点に留意することが必要である。
　①　地上での緑化に加え、建物の屋上、壁面及びベランダ等の緑化に努め、緑化面積を可能な限り大きくする。
　②　緑化は樹木を中心とし、屋上、ベランダ等で樹木による植栽が困難な場合は芝、多年草等による緑地面積の確保に努める。
　③　既存の樹木は可能な限り生かし、実のなる木や草花、水辺の配置、昆虫や鳥などの生物多様性への配慮など多彩な緑化を行うよう配慮する。
　④　緑化の際は、植栽は在来種を選定し、生態系等に被害を及ぼすおそれのある外来種は持ち込まない。
　⑤　近隣地域の美観の形成や快適性に配慮し、高木・中木と低木を組み合わせて量感と連続性のある樹木を配置する。
　⑥　駐車場の接道部では、生け垣や高木を植栽し、車止め後方等で緑化が可能な部分は中木・低木などによる緑化に努める。
　⑦　雨水・循環水の活用、落葉の堆肥化など、省エネルギー・省資源に配慮す

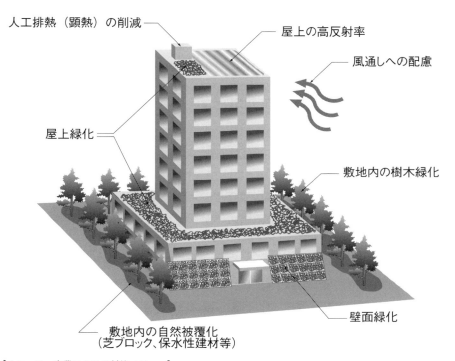

【オフィス・商業における対策メニュー】
- 高層化に伴い創出される地上の空地において、可能な限り自然的被覆に近い材料（保水性建材、芝ブロック 等）を使用して、地表面温度上昇を抑制
- 高層化に伴い創出される地上の空地において樹木緑化（樹冠の大きなもの）を実施することで、木陰を創出し、地表面温度上昇を抑制するとともに、歩行者の熱環境を改善
- 可能な限り、低層部屋根面に屋上緑化を実施し、屋上表面温度上昇を抑制（室内の省エネルギー化にも寄与）
- 高層部屋上面では、屋上緑化に併せて、反射率の高い塗料等により、蓄熱を抑制し屋上表面温度上昇を抑制（室内の省エネルギー化にも寄与）
- コンクリート・タイル等の人工被覆壁面に蓄積された熱による、歩行者への影響を抑制するため、壁面緑化の実施により、その輻射熱を緩和（室内の省エネルギー化にも寄与）
- 設備の省エネ化及び外部からの熱の侵入を抑制することにより、人工排熱を削減
- 人工排熱（顕熱）を可能な限り抑制し潜熱化するとともに、高い位置から排出し、地上や歩行者への影響を緩和
- 新築時においては、夏の主風向の通風を妨げない建築物の形状・配置に配慮

出典：東京都環境局「ヒートアイランド対策ガイドライン」（平成17年7月策定）

図3.38　建築物のヒートアイランド対策（例）　参考文献44）

る。
⑧ 客土にあたっては、小石や砂利は極力、除去し、樹木の育成が良好に保たれる土壌を使用する。

[屋上緑化]
⑨ 屋上緑化は、屋上面積、設計積載荷重、屋上設備や維持管理、利用目的等を勘案するとともに、次の点に留意して、できるだけ緑化面積を大きくする。
▶ 建築物への影響を防止するため、植栽による荷重が設計積載荷重を超えないよう注意する。
▶ 緑地は、樹木等を維持・育成する植栽土壌等と排水層、防根層によって構成する。
▶ 植栽基盤には、基盤中に十分な水分を保持できる資材を用いるとともに、植栽する樹種や高さに応じて、十分な土壌の厚さを確保する（図3.39「屋上緑化の植栽基盤（例）」）。

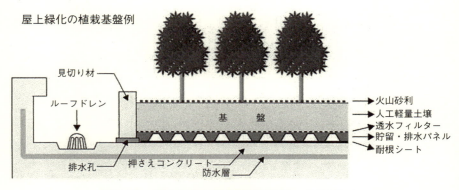

図3.39 屋上緑化の植栽基盤（例） 参考文献45)

▶ 土壌の乾燥を防ぐため、地表面は地被植物などのマルチング（土壌被覆）材で覆うとともに、かん水については、原則として雨水のみに頼ることは避け、給水栓などかん水のための設備をあらかじめ設置しておく。
▶ 風の影響が強い場所では、高木を単独で植栽することは避け、周囲に防

風のための生け垣やルーバーなどを設けるとともに、支柱や根鉢の支持材を設置して樹木の安定化を図る。また、地表面は地被植物やマルチング（土壌被覆）材で覆い土壌の飛散を防止する。
- ▶ 植栽する植物は、日照、耐乾性、耐風性、土壌厚、生長速度、重量や維持管理、利用目的等を勘案して、適切なものを選定する。　など

［壁面緑化］

⑩　壁面緑化に当たっては、基本的に⑨屋上緑化と同様の事項について留意し、美観の形成に配慮しながら利用目的に応じた適切な緑化に努める。
- ▶ 比較的大きな実をつける植物を用いる場合、落果による事故や周辺を汚す等の恐れがあるため、設置場所や利用形態に応じて適切な種類を選定する。
- ▶ 落葉性の植物を植栽する場合は、落ち葉の飛散や冬季の外観について十分検討する。
- ▶ 補助資材を設置する場合、植栽する植物の生長限界を検討し、設置高さを設定する。
- ▶ 補助資材を設けない直接登はん型の場合は、外壁表面は植物が付着しやすいよう粗面とし、補助資材を設ける巻き付き型の場合は、バランスよく壁面を覆うよう人の手により枝幹を誘引する（図3.40「壁面緑化（登はん型と下垂型の例）」）。

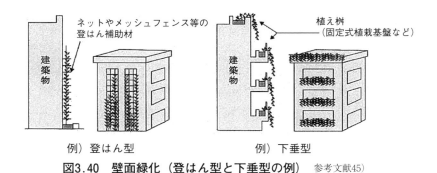

図3.40　壁面緑化（登はん型と下垂型の例）　参考文献45)

▶ 下垂型の場合、屋上やベランダ等の外壁面脇に、固定式植栽基盤または可動式植栽基盤を設けて植栽する。また、ベランダ等から下垂させた際に、繁茂が著しい場合、せん定等が必要になるため、植物の選定及び実施については十分な検討を行う（図3.40「壁面緑化（登はん型と下垂型の例）」）。　など

2）屋上緑化や壁面緑化の効果

屋上緑化や壁面緑化には、前述の「植物を中心とした生態系の空気調和（浄化）機能」（P.161）などによって、次のような効果がある。

①気候変動とヒートアイランド現象による高温化の緩和効果

　　植物を中心とした生態系には、蒸発散（潜熱）による冷却、太陽光の反射や伝導熱の抑制（木陰の形成）などの効果がある。

②省エネルギー効果

　　緑化は、夏季の断熱・冷却効果、冬季の保温効果でエアコン等の空調冷・暖房のエネルギー消費を抑制する。

③空気の浄化効果

　　植物を中心とする生態系は、空気中の CO_2、NO_x、SO_x、揮発性有機化学物質（VOC）、その他の大気汚染物質（粉塵、O_3、重金属など）を浄化する。

④二酸化炭素（CO_2）削減効果

　　植物の光合成により、空気中の二酸化炭素（CO_2）を吸収・固定する。

⑤癒しの効果及び教育的効果

　　緑化には、緊張感を和らげたり、情緒の安定などの精神的な効果のほか、疲労の回復、ストレスの解消などの効果がある。また、植物を中心とする生態系を通して生命の尊さなどを学ぶ場を提供するといった情操・環境教育的な効果がある。

⑥雨水流出の緩和効果

　　植物を中心とする生態系（土壌を含む）の保水により、急激な雨水の流出を緩和する効果がある。

⑦建物の保護効果

　　太陽光の反射や伝導熱の抑制、木陰の形成により、紫外線や酸性雨、急激

な温度変化から建物を保護する。

⑧防火・防熱の効果

植物(生木)には、防火や防熱(火災時の輻射熱の抑制)の効果がある。

3) 屋上緑化や壁面緑化の課題

屋上緑化・壁面緑化の導入には、建築と造園の両分野にまたがる知識や技術が必要とされるため、設計・施工・維持管理のそれぞれの局面で留意点や課題がある。

設計段階では、積載荷重に関する検討が必要となり、屋上に敷く土壌の厚みを増すことで、背の高い樹木を導入してより高い効果が期待できるが、その分、建物に加わる荷重も増し耐震性にも影響が出る。建築計画の最初の段階から、緑化にともなう荷重を固定荷重として組み込んでおくことが重要である。

特に屋上緑化は、建物の防水層に植栽土壌が接する形となり、成長する植物の根が防水層を突き破ってしまうことのないよう、防根層を設ける必要があり、コストも膨らむ。また、風による土壌の飛散を防止する措置が必要となる場合もある。

さらに屋上緑化には、灌水のための雨水・循環水(排水含む)の維持管理や定期的な植栽の剪定(生長・重量の管理)など、初期の建設費用にこれらの維持費用が加わったものであることに留意が必要である。

3.3 地球温暖化対策を実施するにあたっての留意点
―原点（生態系）に戻って考え、それを基調に地球環境の保全―

　健全な地球生態系は、安定した気候や清浄な空気(酸素供給)、おいしい水、土地保全、生物保全、自然エネルギー、鉱物資源、農林水産物、遺伝資源（薬・品種改良等）、バイオマス（植物・動物・微生物）など、人類に多様・多大な恩恵を持続的に与えてくれる。この恵み豊かな地球生態系を確保するために最も大切なことは自然と共生することである。従って、持続可能な社会実現のための地球温暖化対策は、「人間も生態系を構成する一員であり、生態系全体によって支えられているとともに人間の活動が生態系全体に大きな影響を与える」、このことをしっかり認識したうえで、生態系の機能（恵み）を活用した緩和・適応技術（手法）を主体的に使って、地球生態系への負荷の低減と、不健全な地球生態系の修復及び健全で恵み豊かな地球生態系の創出を図ることが重要となる（1.2 ⑥「それでは、どうしたらよいのか？」P.44参照）。すなわち、原点である地球生態系に戻って考え、それを基調に地球環境の保全を図ることである。

　このことを踏まえ、ここでは以下の項目ごとに地球温暖化対策を実施するにあたっての留意点を挙げた。

①	事前調査及び目的・目標、手法などの設定	171
②	適切な維持管理の徹底	176
③	事後調査及びその結果に応じた対策	178

1 事前調査及び目的・目標、手法などの設定

特に留意すべきは"生態系のバランスと多面的機能に配慮"

　生態系は、大気や水、土壌などにおける物質循環や、生物間の食物連鎖などを通じて、絶えずその構成要素を変化させながら、全体としてバランスを保っている。人間の諸活動にともなう生物の著しい減少や絶滅、異常繁殖や外来種の増加などは生態系のバランスを損ねる要因となる。よって、生態系の機能（恵み）を活用した緩和・適応技術（手法）を使って地球温暖化対策を実施するにあたっては、生態系のバランス（物質循環・食物連鎖・生態系ピラミッド）に配慮しながら、地球生態系への負荷の低減と、不健全な地球生態系の修復及び健全で恵み豊かな地球生態系の創出を図る取り組みを進めていくことが重要となる（1．6「それでは、どうしたらよいのか？」P.44参照）。また、生態系は生産機能、生物資源保全機能、国土保全機能、環境保全機能など多面的な機能（恵み）を有するため、ほかの機能（恵み）にも配慮しながら、総合的に評価・判断・実施することが必要となる。

PDCAサイクルに沿って温暖化対策

　生態系は多面的な機能（恵み）を有するとともに一度劣化した後の回復には長い年月を要するため、生態系の機能（恵み）を活用した緩和・適応技術（手法）を使って地球温暖化対策を実施するにあたっては、PDCA（plan-do-check-act）サイクルの考え方に基づき、目指す目的・目標の達成に向けて、事前調査及び実施計画の検討（Plan）→対策の実施（Do）→事後調査及び効果検証（Check）→対策の見直し・改善（Act）の手順に沿った適切かつ効果的な取り組みが望まれる（図3.41「地球温暖化対策のPDCAサイクル」参照）。

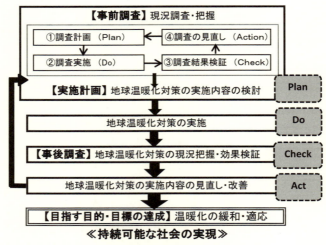

図3.41　地球温暖化対策の PDCA サイクル

事前調査及びその結果に基づく実施計画

　生態系の機能（恵み）を活用した地球温暖化対策（緩和策または適応策）を実施するにあたっては、最初に、実施の対象となる陸域や水域の生態系に関連する情報（経歴、実態、課題、地域の要望、利害関係、将来的展望等）を事前に調査して、その結果をもとに目的・目標、緩和・適応技術（手法）を設定し、そのうえで、実施体制、スケジュール（長期・中期・短期）、イニシャル・ランニングコストなどの実施計画を立てることが必要になる。また、類似する生態系における実施事例（成功・失敗例）や研究・調査資料なども参考にすることが大切である。

目的・目標の設定

　目的・目標は、事前調査の結果をもとに地球温暖化対策（緩和策または適応策）の実施の対象となる現場の課題を明確にして、課題解決に向けて、長・中・短期的な観点から設定することになる。例として、以下に、緩和策と適応策のそれぞれの目的・目標の概要を挙げた。

【目的・目標の概要（例）】

緩和策

 目的：水域生態系のバイオマス資源生産機能を活用してバイオマス資源（水生植物等）を生産し、化石燃料の代替として使用することでCO_2の排出量を抑制する（化石燃料の使用量の削減）。

 目標：再生可能エネルギー量、またはCO_2の排出削減量（換算値）を設定

適応策

 目的：森林生態系の水源涵養機能及び国土保全機能を活用し、気候変動（局所的豪雨など）による洪水や土砂浸食、土砂崩落などの悪影響を防止・軽減・抑制する。

 目標：対応することが可能な温暖化のレベル（気温や降水量などに換算）を設定

緩和・適応技術（手法）の設定

　生態系の機能（恵み）を活用した緩和・適応技術（手法）の設定にあたっては、選定する緩和・適応技術（手法）の「効果」、「課題」などを長・中・短期的な観点から見据えつつ、実施の対象となる陸域や水域の生態系の特性、目的・目標の優先度、実現性（施工性、維持管理性、経済性、持続性等）、実施に伴う環境影響評価（環境アセスメント）[注] などを総合的に勘案しながら検討し、対象となる現場に関わる人々の合意形成に基づき決定していくことが重要となる。

注）環境ミニセミナー「生態系に関する環境影響評価」（P.173）を参照.

環境ミニセミナー　生態系に関する環境影響評価

環境影響評価（環境アセスメント）とは

　環境影響評価（環境アセスメント）とは、ダムや道路、鉄道、空港の建設と

いった開発事業など人間の活動による環境への悪影響を未然に防止するため、どのような影響を及ぼすかについて、事業者（活動者）自らが適正に調査・予測・評価を行い、その結果を公表して地域住民や関係者、専門家などから意見を聞き、環境保全の観点からよりよい事業（活動）計画を作り上げていこうという仕組み（制度）です。

生態系の環境影響評価の考え方

　生態系の環境影響評価は環境影響評価法に新たに取り入れられた項目であり、この背景として、第四次環境基本計画における重点分野「生物多様性の保全及び持続可能な利用に関する取組」などで指摘されているように、生態系が多様な価値を有するとともに一度劣化した後の回復の困難さが明らかにされてきたことが挙げられています。平成20年に成立した生物多様性基本法のなかでも、生物の多様性（生態系）に影響を及ぼすおそれのある事業を行う事業者等が、事業に係る生物の多様性（生態系）の保全について適正に配慮することが求められています。

　しかしながら、環境影響評価を適切に行うためには、対象となる環境要素の現状と影響の程度を明らかにする必要がありますが、生態系の全体像を把握することは現在の科学的知見では困難であることが多く、手法も確立しているとはいえません。したがって、評価に当たっては、事業（活動）特性や地域特性を十分に把握したうえで生態系への影響が懸念される要素（項目）を抽出して個別に検討し、対象となる生態系への影響をどの側面から捉えるかといった視点が重要となります。さらに、生態系は大規模なものからきわめてミクロなものまでその規模はさまざまであること、そしてそれらは環境の諸条件に対応して連続的に分布するなど関連し合っていること、また生態系は生産機能や国土・環境保全機能、アメニティー機能など多面的な機能を有することなどを認識して、総合的に評価することも必要になります。

調査・予測・評価の手順（概要）

　環境影響評価の最終的な目的は評価であることから、何を評価すべきかという視点を明確にして調査・予測・評価を進めることが重要になります。

まず最初に、環境特性、地域のニーズ、事業（活動）特性等から保全上重要な環境要素は何か、どのような影響が問題になるのか、対象とする地域の環境保全の基本的な方向性はどうあるべきかなどについて検討し、その結果を踏まえて、調査・予測・評価の項目及び手法を選定します（スコーピング）。

　次に、スコーピングで選定した項目及び手法に基づき、環境影響評価の実施段階に入ります（図 S.13「環境影響評価の実施段階（例：陸域生態系）」を参照）。

　最終段階では、生態系への影響の調査・予測、及び影響評価の結果に基づき環境保全のための対策（環境保全措置）を検討し、この対策がとられた場合に予測された影響を十分に回避または低減し得るか否かについて、事業（活動）者が自らの見解を明らかにし、その結果は、地域住民や専門家などの意見を踏まえ、事業（活動）計画に反映します。なお、事業（活動）による生態系の影響予測の不確実性が高いと判断された場合や、環境保全措置の効果・影響が不確実と判断された場合などには、工事中及び事業（活動）の供用後の環境の状況や環境保全措置の効果を検証する事後調査が特段に重要になります。事後調査の結果によっては追加的措置を早急に講じることになります。

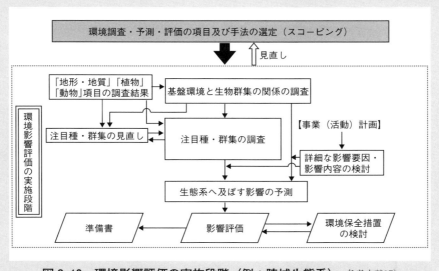

図 S.13　環境影響評価の実施段階（例：陸域生態系）　参考文献17）

2 適切な維持管理の徹底

生態系の機能（恵み）を高レベルで維持

　生態系の機能（恵み）を活用した緩和・適応技術（手法）は、バイオマス生産、生物資源保全、国土保全、環境保全などの生態系の機能や、太陽光・熱、風力、水力、地熱、バイオマス資源、CO_2吸収・固定源（森林や海洋生物）などの生態系の恵みを活用することから、この機能（恵み）を高いレベルで維持することが必要となり、そのために対象となる生態系施設や関連する生態系の適切な維持管理が重要になる。

生態系施設等の維持管理の内容

　生態系施設や関連する生態系の機能（恵み）を高いレベルで維持するための管理の内容は、目的・目標、緩和・適応技術（手法）などによって異なる。例として、以下のA）、B）に、水域生態系の機能を活用した緩和技術と森林生態系の機能を活用した適応技術の維持管理の概要を挙げた。

【維持管理の概要（例）】
A）水域生態系のバイオマス資源生産機能を活用した緩和技術（手法）
　水域生態系のバイオマス資源生産機能を活用してバイオマス資源（水生植物等）を生産し、化石燃料の代替として使用することでCO_2の排出を抑制することを目的にした緩和技術（手法）では、対象となる水域生態系におけるこの機能を高レベルに維持するため、以下のような管理項目（概要）が挙げられる。

　［維持管理項目］
- 湛水状況：水位、流入・流出量、適切な水量、水漏れなど
- 水質管理：有機物や栄養塩類など養分（C・N・P）、溶存酸素、動物・植物プランクトン（種・量）、pH、水温　など

- ▶ 生息環境の確保：適切な日射量と気温、病虫害対策、多様な生物の生息空間の確保、外来種駆除対策
- ▶ バイオマス資源（植生）の生育状況：定量化（$g/m^2/day$）による生育管理、刈り取り・間引き等による植生管理、根の健康管理
- ▶ 土砂の堆積状況：水深の確保、土砂流入防止、土砂・泥の除去など
- ▶ 施設及び付属設備の保守点検と補修：ポンプ、堰・堤体、ヒーター、ろ材、透水材　等
- ▶ 周辺のゴミ拾いや除草、土砂堆積の除去
- ▶ モニタリングによる情報の収集とその結果に応じた補修・修正・整備

B）森林生態系の水源涵養機能及び国土保全機能を活用した適応技術（手法）

　森林生態系の水源涵養機能及び国土保全機能を活用し、洪水や土砂浸食、土砂崩落などの気候変動の悪影響を防止・軽減・抑制することを目的にした適応技術（手法）では、対象となる森林生態系におけるこの機能を高レベルに維持するため、以下のような管理項目が挙げられる。

［維持管理項目］

- ▶ 立木根系の発達を促すことで土壌緊縛力と樹幹支持力を向上させること、及び林内の光環境を改善して下層植生を発達させることを主な目的とし、「適地・適木・適正管理」の観点から、森林の現況に応じて、間伐（早期・強度・誘導・保守など）及び枝打ち、下刈りを実施する。
- ▶ 「適地・適木・適性管理」の観点から、現況に応じて、適切な植栽（早期・強度・誘導・保守・更新など）を実施する。
- ▶ 土壌浸食・流亡の防止、植生基盤の安定、土壌の保湿性の向上のための、森林生態系施設（伐木筋工、落葉・落枝被覆等）の保守点検・補修・更新の実施
- ▶ モニタリング（森林現況調査）による情報収集とその結果に応じた補修・修正・整備（前述の他、気象害・鳥獣害・病虫害対策、生物種の保護など）

3 事後調査及びその結果に応じた対策

生態系は絶えず変化、…事後調査で現況把握と効果検証

　生態系は、大気や水、土壌などにおける物質循環や生物間の食物連鎖などを通じて、絶えずその構成要素を変化させながら、全体としてバランスを保っている。特に、人間の諸活動にともなう生物の著しい減少や絶滅、異常繁殖や外来種の増加などは生態系のバランスを損ねる要因になる。また、気温・湿度、水温、降水量、日射量、風況などの気象条件の影響を受けやすく、これらの条件に応じて動物の活動、植物の繁茂、微生物の繁殖、水の循環・流動、土砂の堆積などに変化が生じ、生態系はさまざまな様相を呈する。このため、生態系の機能(恵み)を活用した緩和・適応技術（手法）は、実施後、定期的に事後調査（モニタリング）を行い現況把握と効果検証をして、その結果に応じた順応的な対処法をより適切かつ効果的に講じながら推進していくことが重要になる。

事後調査（モニタリング）の項目

　生態系施設や関連する生態系の現況を把握するための事後調査(モニタリング)の項目は、目的・目標、緩和・適応技術（手法）などによって異なる。例として、A）太陽光・風力・水力・地熱など生態系の恵みを利用した緩和技術（手法）、B）森林生態系の機能（恵み）を活用した緩和・適応技術（手法）、C）水域生態系の機能（恵み）を活用した緩和・適応技術（手法）を取り上げ、それぞれの事後調査（モニタリング）の一般的な項目を以下に挙げた。なお、どのよう場合でも、生態系の実態をできるだけ正確に把握するため、調査地点・点数、調査時期・回数の適切な設定に留意が必要である。

【事後調査の概要（例）】
A）太陽光・風力・水力・地熱など生態系の恵みを利用した緩和技術（手法）

太陽光・風力・水力・地熱などの生態系の恵みを活用した緩和技術は、気象条件の影響を受けやすくエネルギー供給が不安定であること、景観の悪化や騒音等の環境影響が懸念されることなどの課題がある。このため、以下のような項目の事後調査（モニタリング）を定期的、または継続的に行い、現況を把握し、再生可能エネルギーの安定的な生産（CO_2排出削減）などの効果の検証が必要になる。

［生態系の恵みを活用した緩和技術の事後調査の項目］

▶ 太陽光発電：日射量データ（全天日射量、散乱日射量、最適傾斜角日射量の日間・月間変動など）注）や電力の需給状況、及び景観阻害、土砂流出（傾斜地）、排水（雨水・表流水・浸透水）、生態系への影響（大規模の場合）　など

▶ 風力発電：風況データ（風向／風速）、気象環境（台風・竜巻、雷、着雪氷、砂塵等）、及び生態系への影響（バードストライク等）、騒音・振動、景観阻害、航行阻害（洋上）、電波障害　など

▶ 水力発電：水量データ（流量の日間・月間変動）、及び生態系への影響など

▶ 地熱発電：地熱資源量（温度／賦存量）、及び温泉資源や自然公園（自然環境）への影響　など

▶ バイオマス発電：バイオマス原料の賦存量・利用可能量、及び大気汚染、水質汚濁、悪臭・騒音・振動、生態系への影響　など

注）「全国日射量データベース」（NEDO）の活用

B）森林生態系の機能（恵み）を活用した緩和・適応技術（手法）

　森林生態系のCO_2吸収・固定機能や水源涵養機能、国土保全機能を活用した緩和技術や適応技術（手法）では、以下のような事後調査（モニタリング）を行い、森林生態系の現況を把握し、CO_2吸収・固定や水源涵養、国土保全などの効果を検証する。

［森林生態系の代表的な事後調査（現況調査）の概要］

▶ 林況植生調査：林況（構成、生育状況）を把握するための、樹種、樹高、立木本数、直径、林齢、光環境、下層植生等の調査

▶ 森林荒廃調査：気象害、病虫害、食害等による衰退、被害状況を把握するための、森林荒廃、樹木衰退状況等の調査
▶ 自然環境調査：自然環境を把握するため、及び水源涵養機能を特に向上させる必要がある森林の場合の、水環境（水質・雨量・湧水・地下水など）、土壌（土質）、動物、景観等の調査
▶ 林分力学調査：土砂災害防止機能を特に向上させる必要がある森林の場合の、樹木根系の形状・分布状況、引抜き抵抗力等の調査

C) 水域生態系の機能（恵み）を活用した緩和・適応技術（手法）

　水域生態系のバイオマス資源生産機能や水質浄化機能を活用した緩和技術や適応技術（手法）では、表3.6に示すような水質モニタリングの項目によって水域生態系の現況を把握する。また、生物種と生物数（量）、及び動態などの調査も行い、生態系の構成要素（バランス）を把握することも重要になる。さらに、底質汚泥などの汚泥は水質に影響を与えるため、汚泥の溶出試験やDO消費速度、強熱減量、TOC（全有機炭素量）、全窒素・全リン、硫化物などの項目についても、状況に応じてモニタリングし、現況を把握しておくことが必要になる。

　また、水域生態系のバイオマス資源生産機能を活用した緩和技術（手法）では、上述の項目のほかに、植物の生育因子である光（日射量）、気温、養分（種類と量）などの現況も把握することが必要となる。

表3.6　代表的な水質モニタリングの項目（湖沼）

項　目	内　容
水温 単位℃	水の温度をいい、流入水、気温、日射量などにより変動する。 水中の溶存酸素や生物の活動に大きく影響する。
pH （水素イオン濃度指数）	水溶液中の酸性、アルカリ性の度合いを表す。pH7が中性。通常の河川水はpH7前後である。 水質が酸性、あるいはアルカリ性になると、水利用に支障があるほか、水中に生息する生物に影響を及ぼす。
COD （化学的酸素要求量） 単位 mg/L	水中の有機物を加熱分解する時に消費される酸化剤の量を、酸素量に換算したもの。主として、有機物による水質汚濁の指標として用いられており、湖沼及び海域で環境基準が適用される。 CODが高い状態が続くと、水生生物の生息状況(適応性)に影響を及ぼす。

SS （浮遊物質量） 単位 mg/L	Suspended Solid（浮遊物質量）の略称。懸濁物質ともいう。水の濁り度合いを表し、水中に浮遊、分散している粒の大きさが 2 mm 以下、1 μm 以上の物質を指す。 水の濁りの原因となる浮遊物は、低濃度では影響が少ないが、高濃度では、魚の生息障害、水中植物の光合成妨害等の影響がある。また、沈殿物として、底質への影響がある。
DO （溶存酸素量） 単位 mg/L	水中に溶けている酸素量のことで、主として、有機物による水質汚濁の指標として用いられている。汚濁した水ほど小さい値を示す。 常に酸欠状態が続くと、好気性微生物にかわって嫌気性微生物（空気を嫌う微生物）が増殖するようになり、有機物の腐敗（還元）が起こり、メタンやアンモニア、硫化水素が発生し、悪臭の原因になる。また、生物相は非常に貧弱になり、魚類は生息できなくなる。
大腸菌群数 単位 MPN/100mL	大腸菌または大腸菌と性質が似ている細菌の数。主として、人または動物の排せつ物による汚染の指標として用いられている。 水中から大腸菌が検出されることは、その水が人または動物の排せつ物で汚染されている可能性を意味し、赤痢菌などの他の病原菌による汚染が疑われる。
全窒素 （T-N） 単位 mg/L	全窒素や全リンは富栄養化の指標として用いられている。水中でに、窒素・リンは、窒素イオン・リンイオン、窒素化合物・リン酸化合物として存在しているが、全窒素・全リンは、試料水中に含まれる窒素・リンの総量を示している。
全リン （T-P） 単位 mg/L	窒素やリンは、植物の生育に不可欠なものであるが、大量の窒素やリンが内湾や湖に流入すると富栄養化が進み、植物プランクトンの異常増殖を引き起こす。湖沼や内湾におけるアオコや赤潮の発生が問題になる。
全亜鉛 （T-Zn） 単位 mg/L	亜鉛を含む化合物の総称。 大量に流入すると水生生物に影響を与える。

付　録　資　料

（筆者の温暖化対策関連技術）

1　〔出願特許（2000）〕
　　発酵法によるバイオマス資源のエネルギー・資源化技術

【発明の名称】

「循環空気調和型堆肥化施設」
（バイオマス資源の堆肥化・固体燃料化・減量化・飼料化・バイオガス化施設）
出願番号　　特願2000-044372

【発明の目的】

　発明の目的は、以下の効果を達成し、以て、バイオマス系廃棄物などバイオマス資源の高温好気（嫌気）発酵を安定した高い効率で行うことができる、コンパクト化、省エネルギー型、環境保全型の施設を提供することにある。

①発酵槽内の空気調和を行い、温度、湿度、酸素濃度等を調整し、微生物の反応に適した環境条件を整えることによって発酵を促進させ、発酵期間の短縮や水分蒸発の効率化を図る。

②発酵槽内の空気は調和を図りながら循環させ、悪臭の周辺環境への発散を抑制する。

③発酵熱や乾燥後の排熱の外気への放出を抑え熱回収し、有効利用を図る。

④乾燥には、重油等の燃焼による熱風は用いず、上述③の回収熱や太陽熱を熱源として用い、微生物にやさしい、乾燥効率の高い乾・温風を使用する。

【処理内容】

　循環空気調和型堆肥化施設の代表例を図1（説明図）に示す。図1に沿って処理内容の概要を解説する。

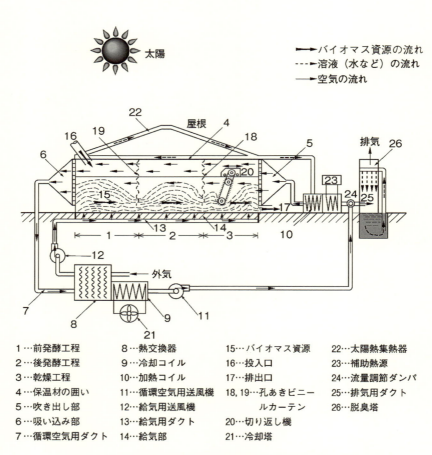

図1　循環空気調和型堆肥化施設の代表例（説明図）

［処理手順］

　①投入口16より投入されたバイオマス資源15は、前発酵工程1、後発酵工程2、乾燥工程3の順に処理が行われ、固体燃料化された製品は排出口

17より搬出される。この3つの工程全体は保温材4で囲われ、それぞれの工程の境は孔あき（整流口）ビニールカーテン18、19が垂れ下がって仕切られている。切り返し機20は3つの工程を走査し、バイオマス資源15の移動と撹拌（切り返し）を行う。

②循環空気用送風機11によって前発酵工程1の端の吸い込み部6から吸い込まれた循環空気は、熱交換器8で熱回収、冷却塔21を用いた冷却コイル9で冷却・除湿、太陽熱集熱器22と補助熱源23を用いた加熱コイル10で加熱され、乾・温風となって乾燥工程3の端の吹き出し部5より吹き出し、乾燥工程3の水分蒸発の促進を図る。

③乾燥工程3で減温、加湿された循環空気は、後発酵と前発酵のそれぞれの微生物反応に適した温・湿度となり、後発酵工程2、前発酵工程1の順に流れ、それぞれの発酵の促進を図る。なお、各工程の境に垂れ下がった孔あきビニールカーテン18、19は、各工程空間の循環空気の流れを抑制し各工程に適した環境条件を形成する、とともに循環空気の流れを整える役割を担う。

④給気用の送風機12の吸い込みによって熱交換器8に入った外気は、加温された後、発酵に必要な酸素を供給するため、給気用ダクト13を経て床面に設けられた給気部14より前後の発酵工程及び乾燥工程の全域に給気される。

⑤流量調整ダンパ24の開閉で循環空気の吹き出し量を吸い込み量より少なくし、施設内の負圧化を図り、悪臭の施設外への発散を抑える。吸い込み量から吹き出し量を差し引いた分は、流量調整ダンパ24から排気用ダクト25を経て、脱臭塔26で処理された後、大気に排出される。

【効果】

①発酵槽内の空気調和を行い、温度、湿度、酸素濃度等を調整し、微生物の反応に適した環境条件を整えることによって発酵を促進させ、発酵期間の短縮や水分蒸発の効率化を図ることができる。

②外気の温度、湿度の影響を受けることなく、安定した高い効率で発酵を

行うことができる。

③前発酵、後発酵、乾燥の3つ工程を同一箇所で連続して行うことで施設のコンパクト化を図ることが可能となり、これによって、設置の際用地面積が少ない、設置費用が安価、施設の運転管理が容易等の利点がある。

④排気、脱臭設備の小型化が図られ、悪臭の周辺環境への発散を容易に抑えることができ、悪臭対策の経費が少なくて良い。

⑤発酵熱や乾燥後の排熱の熱回収、有効利用で省エネルギー型である。

⑥乾燥の熱源は、大気汚染や地球温暖化の原因となる重油等の燃料は用いず、回収熱や太陽熱を用いて、乾燥効率の高い乾・温風を使用し、環境保全型である。

なお、ごみ焼却施設内に設置した場合は、焼却炉の排熱を乾燥の熱源として利用することもできる。

⑦循環空気の乾・温風は、従来の乾燥機の熱風と異なり、高熱で発酵菌を死滅又は弱体化させることがない。したがって、乾燥後の製品(コンポスト、固体燃料、飼料)を種菌として前発酵に返送することにより菌の能力を高めることができる。よって、高価な種菌を購入する必要がない。

⑧発酵温度が上がらない場合であっても、補助熱源を使い循環空気の温度を上げることで、バイオマス系廃棄物などの病原菌や寄生虫卵あるいは雑草の種子を死滅または不活性化させることができ、安全性が高い。

以上の効果により、高温好気(嫌気)発酵によるバイオマス資源のコンポスト化や固体燃料化などを安定した高い効率で行うことができる、コンパクト化、省エネルギー型、環境保全型の施設を提供することが可能となる。

また、上述の循環空気調和型堆肥化施設は、発酵槽内の空気調和を行い、温度、湿度、酸素濃度等を調整し、微生物の反応に適した環境条件を容易に切り替えることができるため、同一施設でバイオマス資源の堆肥化、固体燃料化、減量化、飼料化、バイオガス化(乾式メタン発酵)が可能である。

［例］

▶堆肥化の場合は、発酵期間を長くし(30日以上)完熟させ、C/N比は小さくし(20以下)、良質の有機肥料を生産する。

- ▶固体燃料化の場合は、高速発酵（発酵期間約10日）で難分解性物質（リグニンなど）を残しC/N比は大きくする。C/N比を大きくすると、炭素分が多くなり発熱量が上がり、窒素分が少なくなり燃焼時の排出ガス中のNO_xやN_2Oの発生を抑制し、低環境負荷の燃料（エコ燃料）になる。
- ▶減量化の場合は、高温好気の状態で高速発酵（発酵期間約4日）して一気に脱水する。
- ▶飼料化の場合は、高温好気の状態で高速発酵を行い、滅菌と脱水をして腐敗しにくい飼料を生産、又は酸素供給を抑え酵母や乳酸菌などを用いて高温嫌気の発酵で栄養価の高い飼料を生産する。
- ▶バイオガス化の場合は、高温嫌気の状態でコンポスト化（乾式メタン発酵）して、発生したメタンガスを回収、発酵残さは有機肥料として利用する。

ただし、処理するバイオマス資源に有害物質の混入が少しでも疑われる場合は、「食の安全」を重視して堆肥や飼料の生産を止め、発酵条件を切り換えて固体燃料を生産する。また、例え良質の堆肥でも緑農地への過剰施肥は農作物にとっても、また土壌や水域の生態系にとっても良くない（富栄養化を招く）。このため、堆肥が過剰の場合は堆肥の生産を止め、発酵条件を切り換えて固体燃料を生産する。このように当該発酵施設は、堆肥や飼料の需要に見合った量を生産し供給することができ、過不足のない完全循環型・環境保全型農業に対応することができる。

2 〔技術提案（2009）〕
発酵法によるバイオマス系廃棄物の減量化・固体燃料化・堆肥化

【提案件名】

　—バイオマス利活用の加速的推進に向けて—

　高温好気発酵法によるバイオマス系廃棄物の減量化・固体燃料化・堆肥化

【提案先】

　長野県「生活排水汚泥（バイオマス）利活用にかかる技術提案」（「水循環・資源循環のみち2010」構想）

【提案概要】

　平成20年度長野県科学振興会の助成を受け「高温好気発酵法によるバイオマス系廃棄物の固体燃料化技術」の研究を行い、①バイオマス系廃棄物の固体燃料としての有効性、②再生可能なエネルギー量（地球温暖化緩和効果）、③環境への負荷低減効果、④バイオマスタウン構想の推進、⑤経済効果などを検証し、当該技術が有効であることを確認することができた（研究成果の内容は拙著「生態系に学ぶ！廃棄物処理技術」に掲載」）。従来のバイオマス変換技術（炭化、造粒乾燥、油温減圧乾燥、RDFなど）に比べてエコ・低コスト・高効率で優れる結果となった。今回の提案は、この研究活動の結果をもとに下水汚泥（脱水ケーキ）や生ごみ、メタン発酵残さなどのバイオマス系廃棄物の資源化（減量化・固体燃料化・堆肥化）事業を視野に入れたもので、概要を以下に示す。

（1）高温好気発酵法によるバイオマス系廃棄物の資源化事業の提案

　「高温好気発酵法によるバイオマス系廃棄物の固体燃料化技術」とは、化石燃料等を使わずに発酵熱と太陽熱を利用し、微生物による発酵で下水汚泥や生ごみなどのバイオマス系廃棄物を固体燃料化するものであり、最新のバイオ技術や空調技術を用いて、微生物の反応に適した環境条件を設定して効率の高い発酵を高速で行い、環境にやさしい良質の固体燃料を提供する技術で

ある。なお、同一施設で容易に発酵条件を変えることができるので、目的・用途に応じて減量化又は堆肥化も高効率で行うことができる。(次頁の表1「高温好気発酵法によるバイオマス系廃棄物の固体燃料化技術の概要」参照)。

①減量化処理（例：高速発酵で約5日、1/5以下に減量、含水率40%以下）
減量により汚泥処分料・運搬費のコスト削減、焼却に伴う化石燃料の消費量低減、及びダイオキシンなど大気汚染物質の発生抑制、焼却炉の燃焼管理が容易で長寿命、熱回収が可能などの利点

②固体燃料化処理（高速発酵で10日位、含水率20%以下、3,000kcal/kg以上の発熱量）
新エネルギー（エコ燃料：カーボンニュートラル）の創出→石炭代替燃料、ボイラー燃料などとして活用

③堆肥化処理（二次発酵を含め30日以上）→良質な有機肥料の生産（緑農地還元）

（2）上述の事業化調査、先進的モデル事業の実施の提案

「バイオマス等活用事業調査事業」（経済産業省：事業化調査）や「循環型社会地域支援事業」（環境省：実証事業）、バイオマス利活用加速化事業（農林水産省）、地域資源利用型産業創出緊急対策事業（農林水産省）などの助成を利用し、上述の事業化調査及び先導的モデル事業を実施し、これを基点として、下水汚泥や生ごみ、間伐材、稲わら、もみがらなどの未利用バイオマスの資源化を加速的に推進することを提案する。

（3）バイオマス変換技術の選択にあたって

「本当にエコ・低コスト・高効率ですか？」…総合的事前評価

下水汚泥などのバイオマスの変換技術としては、当該技術（高温好気発酵法による固体燃料化）のほか建設材料化、炭化、RDF化、メタン発酵、ガス化溶融、焼却（熱回収）などがあり、変換技術の選択にあたっては、バイオマスの種類と量、質（含水率・組成）、変換エネルギーと再生（回収）エネルギー、地球温暖化緩和効果（CO_2・N_2O・CH_4排出量）、環境負荷低減効果（ダイオキシン・NO_xなど）、コスト、効率などを総合的に事前に予測・評価することが重要になる。

表1　高温好気発酵法によるバイオマス系廃棄物の固体燃料化技術の概要

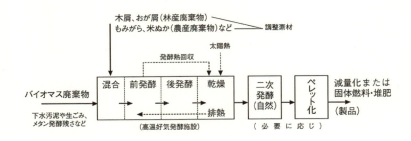

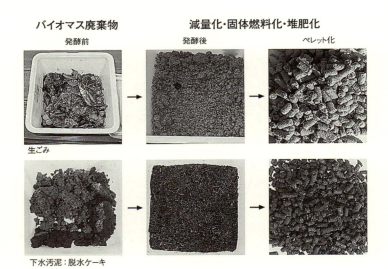

◎上記の「高温好気発酵施設」は循環空気調和型であり、次の特長を有する。
(1) 安定した高効率の発酵
(2) 発酵熱などを回収して、省エネルギー型
(3) 悪臭の発散を抑制
(4) 地球温暖化防止に対応（温室効果ガス N_2O、CH_4、CO_2 の発散抑制）
(5) 発酵条件を容易に切り換えることができ、減量化または固体燃料・堆肥の生産が可能
(6) 「食の安全」を重視した循環型・環境保全型農業に対応
(7) 小・中規模のバイオマス資源化施設として最適……多数の地域の活性化と雇用の促進を図る
(8) 経済効果が大きい（バイオマス系廃棄物の処理料削減と有価の固体燃料・堆肥の生産で利潤が大きい）

3 〔政策提言（2010）〕 地域分散型「次世代廃棄物処理システム」の構築

【政策のテーマ】

―全廃棄物の脱焼却・脱埋立・エネルギー資源化に向けて―
地域分散型「次世代廃棄物処理システム」の構築

【政策の分野】

①循環型社会の構築、②環境パートナーシップ、③持続可能な地域づくり、④地球温暖化の緩和

【政策の手段】

①制度整備および改正、②調査研究、技術開発、技術革新、③組織・活動、④人材育成・交流、⑤地域活性化と雇用

【キーワード】

○脱焼却・脱埋立、○エネルギー・資源化、○バイオマス利活用、○廃棄物処理、○循環型社会構築

【政策の目的】

（背景および現状の問題点を踏まえて）

　本提言の目的は、廃棄物の焼却や埋立の処分は行わず、すべてエネルギー・資源化することを前提にした環境にやさしい廃棄物処理システムの構築を目指し、以下の社会的要請に応えることにある。

①焼却や埋立等の現状における廃棄物処理の問題を解決（環境への負荷の低減と生物多様性保全、埋立地の逼迫対策、財政の負担軽減）
②地球温暖化対策（廃棄物処理にともなう温室効果ガスの発生抑制）
③資源循環型社会の構築（廃棄物からエネルギー・資源を回収・再生）
④バイオマス利活用の推進（生ゴミ・下水汚泥・間伐材など地域資源有効

活用）
⑤新たなエネルギー・資源化事業を創出し、地域活性化と雇用拡大

【政策の概要】
　今製造された製品が廃棄されるのは、耐用年数の長いもので数十年後である。それらの廃棄物に関しては、新たにエネルギー・資源化対策を実施したとしても、すでに手遅れで、ライフサイクル（自然界に還元するまで）における環境負荷の低減の効力がない場合がある。廃棄物対策は地球温暖化や生物多様性保全と密接に関連し喫緊の課題であり、早急に次世代を見据えて、全廃棄物を焼却や埋立の処分を行わずエネルギー・資源化する循環型社会を目指し、現在の社会経済システムや生活様式を見直して次世代廃棄物処理システムを構築しなければならない。図2に政策の実施の手順を示す。

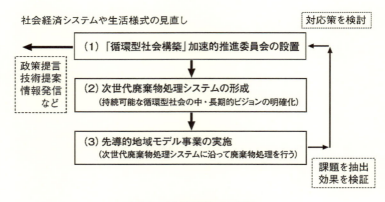

図2　政策実施の手順

【政策の実施主体と実施方法】
（1）「循環型社会構築」加速的推進委員会について
　1）産・学・官・民が連携し、一体化した「循環型社会構築」加速的推進委員会（仮称）を設置し、地域における廃棄物処理の実態を把握し、課題や将来ビジョンを明確にして、対応策を提示するとともに、廃棄

物処理の先導的地域モデル事業の実施に対して協力・支援をする。
２）地域では排出される廃棄物は家畜排せつ物、稲わら、食品残さ、生ごみ、木質、下水汚泥等のバイオマスの他、プラスチック類や紙くず、鉱さい、がれき類などが挙げられ、鉱・工業や農・林・水産業、一般家庭、商店など各方面から広範囲に排出されるため、委員会は、これらの廃棄物に関連する産・学・官・民の代表者で構成する。
３）委員会は、廃棄物処理の課題に対応する各部会と全体協議会で構成する。
　　　技術的課題：技術部会(廃棄物処理技術の技術的支援、研究開発など)
　　　経済的課題：経済部会（処理・収集・運搬コストの改善、予算化など）
　　　社会的課題：社会部会（啓発・普及、地域での取り組みの推進など）
　　　政策的課題：政策部会（制度整備、事業化支援など）

（２）次世代廃棄物処理システム（提案）について

　次世代廃棄物処理システム（提案）の概要を図３に示す。次世代廃棄物処理システム（提案）の最大の特徴は、「高温好気発酵法によるバイオマス系廃棄物の固体燃料化技術」を取り入れたことと、「腐敗しやすいごみ」、「腐敗しにくいごみ」の分別をはじめとした廃棄物処理の基本である分別を徹底し、焼却や埋立の処分は行わず、すべてエネルギー・資源化することを前提にしたことにある。図３に沿って処理手順を以下に示す。

〔処理手順〕

①第１に発生抑制（リデュース）、第２に再利用（リユース）、第３に再生利用（リサイクル）を徹底して行う。

②やむを得ず発生する廃棄物は、まず最初に、「腐敗しやすいごみ」、「腐敗しにくいごみ」に分別する。

③「腐敗しやすいごみ」（バイオマス）は、廃棄物の種類、素材、質により、消費エネルギー（CO_2排出量）、再生（回収）エネルギー、環境への負荷、コスト、効率など総合的に事前に評価して処理方法を選択する。

〔処理方法の選択例〕

▶高品質の栄養価の高い食品廃棄物は飼料化処理

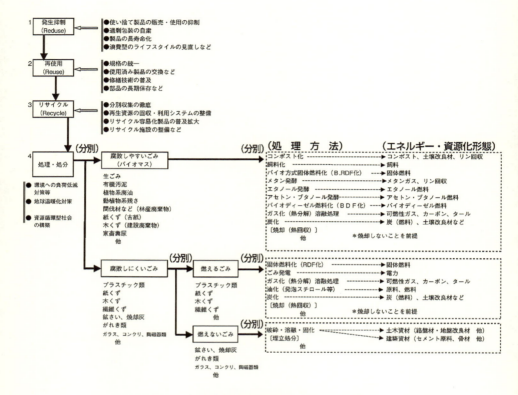

図3 次世代廃棄物処理システム（提案）

▶ 含水率85％以下の有害物の混入がなく、N・P分の高い食品残さ、有機汚泥、家畜ふん尿などはコンポスト化処理

▶ 含水率85％以下の夾雑物の混入する生ごみや下水汚泥、発酵残さなどは高温好気発酵法による固体燃料化処理

▶ 含水率85％を超える食品残さ、有機汚泥、家畜ふん尿などはメタン発酵処理、糖やデンプン質の多い食品廃棄物、農産廃棄物はエタノール又はアセトン・ブタノール発酵処理

▶ 含水率が50％以下のバイオマス系廃棄物（間伐材など）は木質バイオマス発電

　　　　▶良質のバイオマス焼却灰は肥料化
　　　　▶建築廃材・林産廃棄物（間伐材など）は炭化処理
　　　　▶植物系廃油はバイオディーゼル燃料（BDF）化処理
④「腐敗しにくいごみ」は、さらに「燃える（可燃）ごみ」、「燃えない（不燃）ごみ」に分別する。
⑤「腐敗しにくいごみ」の中で「燃える（可燃）ごみ」は、消費エネルギー（CO_2排出量）、再生（回収）エネルギー、環境への負荷、コスト、効率など総合的に事前評価し、RDF化、ごみ発電、焼却（熱回収）などの処理を選択する。
⑥「腐敗しにくいごみ」の中で「燃えない（不燃）ごみ」は、廃棄物の種類、素材、質により、破砕や溶融など用途（土木・建設資材等）に応じた処理を行う。

　このシステムによって、ごみ発電・熱回収、RDF化、コンポスト化、飼料化、バイオマスプラスチック化、メタン発酵、エタノール発酵、ガス化（熱分解）、炭化などの従来の処理方法の問題点が解決し、それぞれが活性化し、他の処理方法と連動することによりシステム全体の廃棄物処理機能が効果的に働き、多くの種類の廃棄物に対して、前述【政策の目的】①～⑤を総合的に勘案した廃棄物処理を行うことが可能となる。

（3）先導的地域モデル事業について
　モデルとなる地域（市町村など）を指定し、そこから排出するすべての廃棄物は「循環型社会構築」加速的推進委員会で設定された次世代廃棄物処理システムに沿って処理を行う。定期的に事業の実施内容の課題と効果を検証する。

【実施により期待される効果】
　全廃棄物の脱焼却・脱埋立・エネルギー資源化を前提にした次世代廃棄物処理システムの先導的地域モデル事業の実施によって、循環型社会の構築を加速的に推進することができる。また、前述【政策の目的】①～⑤の社会的要請に応えることができる。

【その他・特記事項】

　全廃棄物の中で生ごみや下水汚泥などのバイオマス系廃棄物は、含水率が高いうえ、夾雑物が多く、有害物の含有が懸念されることから、エネルギー・資源化することが技術的に最も困難とされている（現在のエネルギー・資源化率：生ゴミ5％以下、下水汚泥35％以下）。この最も厄介な生ごみと下水汚泥は人間が生きている限り必ず、定常的に排出される、量・質ともに安定的に供給される有効なバイオマス資源でもある。生ごみと下水汚泥のエネルギー・資源化技術が確立しない限りは、持続可能な循環型社会とはいえない。この最も厄介なバイオマス系廃棄物を石炭等の代替エネルギーにする、エコ・低コスト・高効率の技術が「高温好気発酵法によるバイオマス系廃棄物の固体燃料化技術」である。また、全廃棄物の脱焼却・脱埋立・エネルギー資源化を可能にするのが「次世代廃棄物処理システム（提案）」である。

注1）本政策提言は、環境省「第9回 NGO／NPO・企業環境政策提言（2010年）」にて発表。

注2）「高温好気発酵法によるバイオマス系廃棄物の固体燃料化技術」の詳細については、前述【技術提案（2009）】「②発酵法によるバイオマス系廃棄物の減量化・固体燃料化・堆肥化」（P.188）を参照。

4 〔政策提言（2012）〕
地域分散型再生可能エネルギーシステムの構築(スマートグリッド日本版)

【政策提言のテーマ】

脱原発・低炭素化社会の実現に向けた「地域分散型再生可能エネルギーシステムの構築」（「1市町村1自然エネルギー」の自助・共助・公助：スマートグリッド日本版）

【政策の分野】

①脱原発・低炭素化社会の構築、②循環型社会の構築、③持続可能な地域づくり

【政策の手段】

①制度整備の改正、②組織・活動の活用、③地域活性化と雇用、④情報の開示と提供

【政策の目的】

当該政策提言の目的は、市町村を中心とした地域エリア（向こう三軒両隣）における自然エネルギーの再生・活用に向けた「自助・共助・公助」によって、地域分散型（地産地消）の再生可能エネルギーシステムを構築し、再生可能エネルギー普及の最大の課題となっている「高コスト」と「不安定性」を解決し、再生可能エネルギーの普及拡大を加速的に推進することにある。

【背景および現状の問題点】

持続可能な社会（脱原発・低炭素化社会）の実現に向けて最も重要なのが再生可能エネルギーの普及拡大であるが、わが国の自然エネルギー資源は、太陽光・熱、風力、水力、波力、地熱、バイオマス、温度差など多種多様であり、地域の広範囲に偏在しエネルギー密度が低く、また気象条件の影響を受ける。このため、再生可能エネルギーには「高コスト」と「不安定性」の

2つの大きな課題がある。再生可能エネルギーの課題を以下に示す。

〔課題〕

①発電規模が小さいことによる低効率、高コスト。

②発電規模が小さく発電量が少ない割に、公害防止設備など付帯設備の高コスト。

③エネルギー資源の集約（収集・運搬）に高コスト（水力、バイオマスなど）。

④送電、蓄電の低効率（エネルギーロス）、高コスト。

⑤すでに活用されている用途との競合で価格高騰、紛争の発生（バイオマス、温泉熱など）。

⑥気象条件の影響を受け、発電が不安定(太陽光、水力、風力など)　など。

この課題の解決策として、「地域分散型再生可能エネルギーシステムの構築」（「1市町村1自然エネルギー」の自助・共助・公助：スマートグリッド日本版）を提案する。

【政策の概要】

「地域分散型再生可能エネルギーシステムの構築」（「1市町村1自然エネルギー」の自助・共助・公助）の概要を図4に示す。

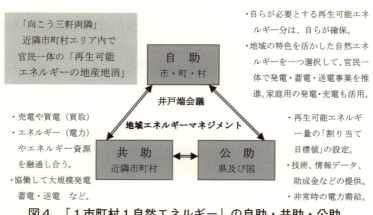

図4　「1市町村1自然エネルギー」の自助・共助・公助

【政策の実施方法】

当政策提言の実施方法として、先進的モデル事業を提案する。ここでは長野県の諏訪地域を〔例〕に挙げて、「１市町村１自然エネルギー」の自助・共助・公助のモデル事業の全体の仕組みを以下に示す（私案）。

（１）目標値の設定

県民（国民）一人当たりの再生可能エネルギー量の割り当て目標値（kwh／年間：自給率％）を設定する。熱回収・熱利用や省エネルギー・節電も目標値に加味する。

（２）再生可能エネルギーの自給率（計画発電量）を算出

各市町村では、上記の値をもとに自らが再生（発電）する再生可能エネルギー分（計画発電量）を算出する。バイオマスの燃料化や熱回収・熱利用はkwh換算。

（３）自助〔官民一体で「１市町村１自然エネルギー」事業を推進〕

各市町村は自らが必要とする再生可能エネルギー分（計画発電量）は、自らの地域資源を活用して再生（発電）し、自らが責任をもって確保する。省エネルギー・節電で補ってもよい。計画発電量に満たない分は買電（買取）する。

〔自助：地域資源活用（例）〕

①八ヶ岳の広大な裾野に位置し、空気が澄んで日照に恵まれているＦ町は、これを活用したメガソーラー発電。家庭用のソーラー発電・充電事業及び電気自動車（EVやPHV）の利活用も積極的に推進する（他の市町村も同様）。

②八ヶ岳の麓で高原野菜などの農産や畜産、林産を主力産業とするＨ村は、これらの産業から排出される廃棄物や食品廃棄物、生ごみなどの廃棄物系バイオマスを資源とするバイオマス発電。

③八ヶ岳の山麓に位置するＣ市は、ため池や堰が多く、この水資源を活用して、ダムを必要としない、ため池（小水力）発電。

④豊富な温泉が湧出するＳ市とＳ町は協働して、温泉で使われていない温泉熱（余剰の熱エネルギー）を活用した大規模温度差発電、または地熱

バイナリー発電。
⑤現在ごみ発電施設を有するO市は、可燃ごみの分別（高カロリー・低塩分）を徹底したスーパーごみ発電や、廃食油ディーゼル燃料化（福祉施設で生産）、さらに諏訪盆地の北側の風況を有効活用した風力発電（自然との共生に配慮、近年、技術は向上）。

(4) 共助〔官民一体で「再生可能エネルギー（電力）の地産地消」事業を推進〕

諏訪地域内でエネルギー資源や再生可能エネルギー（電力）を「お裾分け」し融通し合って、より安定的な高効率・高品質・低コストの電力需給を目指す。

〔共助：地産地消（例）〕
①地域内で協働の大規模発電・蓄電事業、及び売電・買電（買取）事業。
②諏訪地域内のバイオマス系廃棄物はすべて一か所に収集・運搬しバイオマス発電の資源とする。廃食油もすべて一か所（福祉施設）に収集・運搬しバイオディーゼル燃料化する。これらは農産・林産・畜産などの生産者と一般家庭・食堂・旅館などの消費者と流通業者の一体化事業。
③各市町村は余剰の水資源（水量）をお裾分けし、ため池・堰（小水力）発電量を増やす。これは、局所的・短時間集中豪雨など治水対策（防災）にも有効。
④地域エリア内では「直流」で電力需給してエネルギーロスの削減を図る。

(5) 公助〔公的支援〕

国及び県は、モデル事業化に向けてフィージビリティ調査などを行い、再生可能エネルギーの「地産地消」推進の環境整備を図る。また、助成金、技術、情報データなどを提供し、再生可能エネルギーの「地産地消」を支援する。特に、共助で補うことができない非常時などの電力需給を支援。

(6) 井戸端会議の開催〔地域エネルギーマネジメント：スマートグリッド日本版〕

定期的に再生可能エネルギー連絡協議会を設け、諏訪地域内の3市2町1村の担当者や国・県、NPO、企業、大学などの関係者が集まり、井戸端会議を行い、各市町村の再生可能エネルギー量（電力）とエネルギー資源量の需

要と供給の状況報告及び要望など協議。将来的には、情報技術を使った安定的需給管理（図5「地域エネルギーマネジメント（スマートグリッド日本版」参照）。

（7）「脱原発・低炭素化社会の地域モデル」を世界へ発信

「1市町村1自然エネルギー」の自助・共助・公助（スマートグリッド日本版）は、向こう三軒両隣、井戸端会議、困ったときはお互い様、お裾分け、もったいない、「再エネ」みんなちがってみんないい、絆、和など、日本の文化・気質を基調にした地域分散型の再生可能エネルギーシステムである。当該システムを「脱原発・低炭素化社会の地域モデル」として、信州諏訪地域から世界へ発信。

【政策の実施により期待される効果】

以下のような効果によって、再生可能エネルギー事業が地域に広く分散して普及拡大し、持続可能な社会（脱原発・低炭素化）の実現に向け大きく前進することが期待できる。

①目標値の設定：自然エネルギーの再生（発電）や省エネルギーに対する地域住民の意識向上（近隣市町村間の競争意識）、自立心の向上、達成感の高揚。

②自助：地域のエネルギー資源の有効活用により、地域の活性化、及び景気と雇用を促進。エネルギーと資源の重要性を自覚し、3社会（低炭素・循環型・自然共生）構築へ。

③共助：発電・送電及び蓄電の設備の大規模化により、高効率、高品質、低コストの電力需給。また、コージェネレーションなどの熱の有効活用が可能。

④共助：発電設備の大規模化により公害防止設備の高度化で低環境負荷。

⑤共助：エネルギー資源とエネルギー（電力）のより安定的な需要と供給が可能。また、災害などの有事においても影響が小さく、電力の供給停止を抑制できる。

⑥自助・共助・公助：地域エリア内のエネルギー地産地消により、エネ

ギーの自給率の向上、商用電力に頼らずに自立的電力需給が可能、又商用電力への悪影響を抑制、エネルギー資源の調達コストの削減、送電・蓄電にかかるエネルギーロスの縮減。

⑦自助・共助・公助：近隣市町村間の絆が深まる。

⑧安全・安心な「エネルギーの再生・需給システム」を次世代に継承することができる。

注）本政策提言は、「eco japan cup 2012」の「ポリシー部門　環境ニューディール政策提言」にて、「グリーン・ニューディール準優秀提言」を受賞。

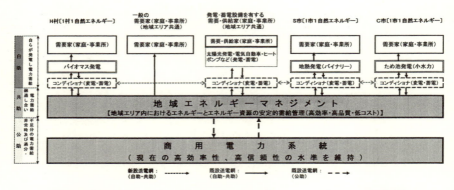

図5　地域エネルギーマネージメント（スマートグリッド日本版）

参考文献

【1～3章】

1章

1.1 ①、②、③、④、⑤、⑥、⑦

1) 西岡秀三監修（1997）『学研の図鑑「地球環境」』．学研プラス．
2) 吉野　昇編（1999第1版）「絵とき　環境保全対策と技術」．オーム社、2-3p，86p，179p，206-207p．
3) 森林・林業学習館ホームページ（2015）「森林生態系の概要」．「Fujimori, 2001」（http://www.shinrin-ringyou.com/shinrin_seitai/）
4) 一般法人日本木材総合情報センター（2010）「木が守る地球と暮らし」．
5) 気象庁ホームページ（2015）「海洋の温室効果ガスの知識」．(http://www.data.jma.go.jp/kaiyou/db/co2/knowledge/greenhouse_gases.html)
6) ジェローム・バンデ編（服部英二・立木教夫監訳）（2009）「地球との和解」．麗澤大学出版会．
7) 児玉浩憲著（2000）「図解雑学　生態系」．ナツメ社、45p，75p．
8) 環境学習サイト（2015）「河北潟から考える人・水・自然」．(http://iida.yupapa.net/sien/)
9) 下平利和著（2011）「生態系に学ぶ！廃棄物処理技術」．ほおずき書籍、7-24p．
10) 再生可能エネルギーWeb（2017）「地球と生命の歴史」．(http://lifeplan-japan.net/)
11) 田近英一著（2009）「地球環境46億年の大変動史」DOJIN選書024．㈱化学同人

1.2 ①、②、③、④、⑤、⑥

12) 吉野　昇編（2002改訂2版）「絵とき　環境保全対策と技術」．オーム社、4-5p，44p，82-89p，178-181p．
13) 下平利和著（2016）「生態系に学ぶ！湖沼の浄化対策と技術」．ほおずき書籍、3-9p，42-44p．
14) シェリー・タナカ著．黒川由美訳（2009）「1冊で知る　地球温暖化」．原書房、30-45p．
15) 山﨑友紀著（2010）「地球環境学入門」．講談社、062-067p．
16) 近藤洋輝著（2003）「地球温暖化予測がわかる本」．成山堂書店、39p．
17) 沖　大幹著（2007）「地球規模の水環境と世界の水資源（日本地球惑星科学連合ニュースレターJGL）」．（社）日本地球惑星科学連合．
18) 国立研究開発法人科学技術振興機構「窒素循環の模式図」．理科ねっとわーく．
19) 西岡秀三、宮﨑忠國、村野健太郎　編（2015）「改訂新版　地球環境がわかる」．技術評論社、16-19p，40-41p，52-55p，94-99p，225p．
20) 気象庁ホームページ（2017）「地球温暖化に関する知識」．(http://wwwdata.jma.go.jp/cpdinfo/chishiki_ondanka/)
21) 環境省ホームページ「気候変動に関する政府間パネル（IPCC）第5次評価報告書」IPCC第5次評価報告書の概要（2014年12月）．(http://www.env.go.jp/earth/ipcc/5th/)

22) 環境省ホームページ「地球温暖化による影響の全体像」(環境省地球温暖化影響・適応研究委員会、2008).(https://www.env.go.jp/earth/ondanka/effect_mats/full.pdf)
23) JCCCA全国地球温暖化防止活動推進センターホームページ (2018):すぐ使える図表集「温室効果ガスの特徴」、「世界の地上気温の経年変化」.(http://jccca.org/chart/)

2章

1) 国立環境研究所ホームページ「国立環境研究所ニュース24巻2号」.(http://www.nies.go.jp/kanko/news/24/24-2/24-2-04.html)
2) 環境省ホームページ「地球温暖化対策計画」(平成28年5月13日閣議決定).(http://www.env.go.jp/earth/ipcc/5th/)
3) 吉野 昇編 (2002改訂2版)「絵とき 環境保全対策と技術」.オーム社、46-47p.
4) (財)地球環境産業技術研究機構 (2006)「図解 CO_2貯留テクノロジー」.工業調査会、26-27p.
5) 環境省ホームページ:報告書「気候変動適応の方向性」(平成22年11月).(http://www.env.go.jp/earth/ondanka/adapt_guide/pdf/approaches_to_adaptation.pdf)
6) JCCCA全国地球温暖化防止活動推進センターホームページ (2018):「IPCC第5次評価報告書特設ページ (2013)」.(http://www.jccca.org/ipcc/ar5/kanwatekiou.html)
7) 環境省:平成30年度予算(案)「パリ協定等を受けた中長期的温室効果ガス排出削減対策検討調査費」資料.
8) 環境省ホームページ:「気候変動の影響への適応計画」(平成27年11月閣議決定).(http://www.env.go.jp/earth/ondanka/tekiou/siryo1.pdf)

3章

3.1 ①

1) 国立研究開発法人 新エネルギー・産業技術総合開発機構「NEDO 再生可能エネルギー技術白書 第2版」(2014年).1章22-24p,2章-5章,他.(http://www.nedo.go.jp/library/ne_hakusyo_index.html)
2) 環境省「平成22年版 環境・循環型社会・生物多様性白書」第1部第2章(スマートグリッド).
3) 国立研究開発法人産業技術総合研究所「再生可能エネルギー源の性能」(2008年).(https://unit.aist.go.jp/rcpv/ci/about_pv/e_source/RE-energypayback.html)
4) 藤井照重・中塚 勉・毛利邦彦・吉田駿司・田原妙子著 (2016)「再生可能エネルギー技術」.森北出版(株)、47p, 71-74p, 158p, 206-207p.
5) 国立研究開発法人 新エネルギー・産業技術総合開発機構「NEDO 風力発電導入ガイドブック (2008年2月 改訂第9版)」.108-110p.
6) 国立環境研究所ホームページ (2018):環境技術解説「地球環境」(未利用エネルギー).(http://tenbou.nies.go.jp/science/description/detail.php?id=5)
7) 国立研究開発法人 新エネルギー・産業技術総合開発機構ホームページ:省エネルギー部「未利用熱エネルギーの革新的活用技術研究開発」(2017)(http://www.

nedo.go.jp/activities/ZZJP_100097.html）
8）国立研究開発法人　新エネルギー・産業技術総合開発機構ホームページ：稚内サイト・北杜サイト「大規模太陽光発電システム導入の手引書」（平成23年3月）．（http://www.nedo.go.jp/content/100162609.pdf）

3.1　②

9）国立研究開発法人　新エネルギー・産業技術総合開発機構「NEDO　再生可能エネルギー技術白書　第2版」（2014年）．第4章．（http://www.nedo.go.jp/library/ne_hakusyo_index.html）
10）木谷　収著（2007）．「バイオマスは地球環境を救えるか」．岩波ジュニア新書578.
11）山本博巳著（2012）「基礎からわかるバイオマス資源」．（株）エネルギーフォーラム．
12）柳下立夫監修（2009）「バイオエネルギーの技術と応用」．（株）シーエムシー出版．
13）下平利和著（2011）「生態系に学ぶ！廃棄物処理技術」．ほおずき書籍（株）、53-61p.

3.1　③

14）国立研究開発法人森林総合研究所ホームページ（2017）「森林による炭素吸収量をどのように捉えるか」．(http://www.ffpri.affrc.go.jp/research/dept/22climate/kyuushuuryou/)
15）藤森隆郎「森林の二酸化炭素吸収の考え方」．紙パ技協誌2003年10月第5巻第10号（通巻第631号）．
16）林野庁ホームページ（2018）「地球温暖化防止に向けて、よくある質問」．(http://www.rinya.maff.go.jp/j/sin_riyou/ondanka/con_5.html#q5)
17）国立環境研究所ホームページ（2018）：環境技術解説「地球環境」（CO_2固定技術）．(http://tenbou.nies.go.jp/science/description/detail.php?id=26)
18）国立環境研究所ホームページ（2018）：環境技術解説「砂漠緑化」．(http://tenbou.nies.go.jp/science/description/detail.php?id=)
19）環境省パンフレット（2018）「砂漠化する地球―その現状と日本の役割―」より．(http://www.env.go.jp/nature/shinrin/sabaku/index_1_1.html)
20）住　明正・松井孝典・鹿園直建・小池俊雄・茅根　創・時岡達志・岩坂泰信・池田安隆・吉永秀一郎　著（1996）「岩波講座地球惑星科学．3地球環境論」．（株）岩波書店、114-117p.
21）日本海洋学会編「海と地球環境　海洋学の最前線」（1991）．東京大学出版会、225-231p.
22）海洋生物環境研究所：海生研ニュース99（2008.7月）「二酸化炭素による海洋の酸性化」．
23）環境省「サンゴ礁生態系保全行動計画2012－2020」よりサンゴ礁の写真．(http://www.env.go.jp/press/files/jp/102644.pdf)
24）柳　哲雄著（2011）「海の科学」（海洋学入門第3版）．恒星社厚生閣、99-101p

3.1 ④

25) 公害資源研究所　地球環境特別研究室「地球温暖化の対策技術」(1990). (株) オーム社.
26) 下平利和著(2007)「自然の叡智生態系に学ぶ次世代環境技術」. ほおずき書籍(株)、6-9p, 87p.
27) 横山伸也「バイオマスで拓く循環型システム」. 工業調査会, 26p.
28) 吉野　昇編（2002改訂2版）「絵とき　環境保全対策と技術」. オーム社、50-51p, 62-63p, 108-109p.
29) 国立環境研究所ホームページ（2018）：環境技術解説「大気環境」（脱硝技術）. (http://tenbou.nies.go.jp/science/description/detail.php?id=33)
30) 環境省：「改正フロン回収・破壊法　詳細版　パンフレット（平成21年7月）」.
31) 経済産業省：「フロン排出抑制法パンフレット（平成27年）」.
32) 国立環境研究所ホームページ（2018）：環境技術解説「地球環境」（オゾン層保護対策技術）. (http://tenbou.nies.go.jp/science/description/index_fld.php?fld=1)
33) 下平利和著（2011）「生態系に学ぶ！廃棄物処理技術」. ほおずき書籍（株）.
34) 公益社団法人　日本下水道協会：下水道協会誌、Vol.36、No.436, 1999/2, 28p.

3.2 ①

35) 気候変動適応情報プラットホーム（A-PLAT）ホームページ（2018）：「分野別影響＆適応」. (http://www.adaptation-platform.nies.go.jp/climate_change_adapt/adaptation_plan.html)
36) 下平利和著（2016）「生態系に学ぶ！湖沼浄化対策と技術」. ほおずき書籍、33p, 36p, 42-43p, 45p.
37) 吉野　昇編（2002改訂2版）「絵とき　環境保全対策と技術」. オーム社、2-3p, 82-87p.

3.2 ②

38) 林野庁「森林の適切な整備・保全（平成24年12月4日）」.
39) 林野庁ホームページ（2018）：分野別情報「森林の有する多面的機能について」. (http://www.rinya.maff.go.jp/j/keikaku/tamenteki/con_2_4.html)
40) 森林・林業学習館ホームページ（2018）：日本の森林「森林の持つ公的機能（水源涵養機能／緑のダム）」. (https://www.shinrin-ringyou.com/kinou/f04.php)
41) 林野庁　森林整備部「土砂流出防止機能の高い森林づくり指針（平成27年3月）」.
42) 長野県　林務部、森林の土砂災害に関する検討委員会編「災害に強い森林づくり指針（2008年）」.

3.2 ③

43) 下平利和編(2007)「自然の叡智生態系に学ぶ次世代環境技術」. ほおずき書籍(株)、6-9p, 87p.
44) 東京都環境局「ヒートアイランド対策ガイドライン」（平成17年7月）.
45) 東京都環境局ホームページ（2018）：緑化の推進「緑化計画の手引き」. (http://

www.kankyo.metro.tokyo.jp/nature/green/plan_system/guide.files/29midori_tebiki.pdf)

3.3　1、2、3

46) 環境省ホームページ（2018）:「自然環境・生物多様性保全」（自然資源の持続可能な利用・管理に関する手法例集）．（http://www.env.go.jp/nature/satoyama/syuhourei/practices.html）
47) 長野県林務部、森林の土砂災害に関する検討委員会編「災害に強い森林づくり指針（2008年）」．
48) 吉野　昇編（2002改訂2版）「絵とき　環境保全対策と技術」．オーム社、126p.
49) 下平利和著（2016）「生態系に学ぶ！湖沼の浄化対策と技術」．ほおずき書籍、52p.

【環境ミニセミナー】

1章

1．1

[生態系ピラミッドについて]

1) 吉野　昇 編（2002改訂2版）「絵とき 環境保全対策と技術」．オーム社、2-3p.
2) 児玉浩憲著（2000）「図解雑学 生態系」．ナツメ社、45p,75p.
3) 下平利和著（2011）「生態系に学ぶ！廃棄物処理技術」．ほおずき書籍、16p.

1．2

[エネルギー資源・鉱物資源の残余年数]

4) 西岡秀三、宮﨑忠國、村野健太郎 編（2015）「改訂新版 地球環境がわかる」．技術評論社、38p.
5) 環境省：環境白書（平成14年度版）「第3章持続可能な発展をもたらす社会経済システムを目指して」．
6) 資源エネルギー庁：「確認埋蔵量」公式採用値（2004年）．
7) 吉野　昇 編（2002改訂2版）「絵とき 環境保全対策と技術」．オーム社、181p.

[気候変動のメカニズムと脅威]

8) 近藤洋輝 著（2003）「地球温暖化予測がわかる本」．成山堂書店、24p.
9) シェリー・タナカ著．黒川由美訳（2009）「1冊で知る 地球温暖化」．原書房、30-42p.

[マイクロプラスチック汚染とは…、生態系への影響、その対策]

10) 東京大学 海洋アライアンス ホームページ（2018）:ニュースがわかる海の話「海のマイクロプラスチック汚染」．
（https://www.oa.u-tokyo.ac.jp/learnocean/news/0003.html）

11）環境省：海洋ごみシンポジウム2016「海洋ごみとマイクロプラスチックに関する環境省の取組」（平成28年12月）．
12）下平利和著（2011）「生態系に学ぶ！廃棄物処理技術」．ほおずき書籍、66-69p．

2章
[IPCCとは]

1）気象庁ホームページ（2017）：「IPCC（気候変動に関する政府間パネル）」．
（http://www.data.jma.go.jp/cpdinfo/ipcc/）
2）JCCCA 全国地球温暖化防止活動推進センターホームページ（2018）：「IPCC第5次評価報告書特設ページ（2013）」．
（http://www.jccca.org/ipcc/ar5/kanwatekiou.html）

[省エネ対策 熱の３Rの推進]

3）国立研究開発法人 新エネルギー・産業技術総合研究ホームページ：省エネルギー部「未利用熱エネルギーの革新的活用技術研究開発」（2017）．
（http://www.nedo.go.jp/activities/ZZJP_100097.html）

3章
3．1
[太陽熱を利用した空調システム「パッシブソーラーシステム」]

1）国立研究開発法人　新エネルギー・産業技術総合研究所「NEDO再生可能エネルギー技術白書 第2版」（2014年）．5章．
（http://www.nedo.go.jp/library/ne_hakusyo_index.html）

[ヒートポンプとは]

2）藤井照重・中塚 勉・毛利邦彦・吉田駿司・田原妙子著（2016）「再生可能エネルギー技術」．森北出版（株）、157-159p．
3）国立環境研究所ホームページ（2018）：環境技術解説「地球環境」（未利用エネルギー）．
（http://tenbou.nies.go.jp/science/description/detail.php?id=5）
4）Kids環境ECOワードホームページ（2018）：「エネルギー」（ヒートポンプ）．
（http://www.eco-word.jp/html/04_energy/en-28.html）

[バイオマスエネルギーはクリーンなエネルギーです]

5）国立研究開発法人 新エネルギー・産業技術総合開発機構ホームページ（2009）：よくわかる！技術解説「新エネルギー」（バイオマスエネルギー）．
（http://app2.infoc.nedo.go.jp/kaisetsu/neg/index.html）

[燃料電池とは]

6）JHFC 水素・燃料電池実証プロジェクトホームページ（2017）：初心者向けコンテン

ツ「燃料電池（FC）とは」.
(http://www.jari.or.jp/Portals/0/jhfc/beginner/about_fc/index.html)
7）国立研究開発法人 新エネルギー・産業技術総合開発機構ホームページ（2018）：よくわかる！技術解説「燃料電池・水素」.
(http://app2.infoc.nedo.go.jp/kaisetsu/fue/index.html)
8）Kids環境ECOワードホームページ（2018）：「エネルギー」（燃料電池）.
(http://www.eco-word.jp/html/04_energy/en-07.html)

[森林生態系のＣＯ₂吸収・固定量の"見える化"]

9）林野庁（委託先：一般財団法人林業経済研究所）：企業による森林づくり・木材利用の二酸化炭素吸収・固定量の「見える化」ガイドライン（平成28年2月）.

[砂漠化とは…、その原因と影響は…]

10）環境省パンフレット「砂漠化する地球－その現状と日本の役割－」より.
(http://www.env.go.jp/nature/shinrin/sabaku/index_1_1.html)
11）国立環境研究所ホームページ（2018）：環境技術解説「砂漠緑化」.
(http://tenbou.nies.go.jp/science/description/detail.php?id=)

[海洋の酸性化とは…、その影響と対策は…]

12）海洋生物環境研究所：海生研ニュース99（2008年7月）「二酸化炭素による海洋の酸性化」.
13）柳　哲雄著（2011）「海の科学」（海洋学入門第3版）. 恒星社厚生閣、134-135p.

3.2

[ビオトープによる修復・復元]

14）吉野　昇 編（2002改訂2版）「絵とき 環境保全対策と技術」. オーム社、198-199p.

[ヒートアイランド現象とは]

15）環境省：ヒートアイランド対策ガイドライン（平成24年度版）「ヒートアイランド現象とは」. 4p.
(https://www.env.go.jp/air/life/heat_island/guideline/h24.html)

3.3

[生態系に関する環境影響評価]

16）国立環境研究所ホームページ：環境展望台「環境技術解説」（生態系の環境アセスメント2015）.
(http://tenbou.nies.go.jp/science/description/detail.php?id=91)
17）環境影響評価情報支援ネットワークホームページ：環境アセスメント技術（報告書等）「生物多様性分野の環境影響評価技術（II）生態系アセスメントの進め方について（平成12年8月）」.
(http://www.env.go.jp/policy/assess/4-1report/03_seibutsu/2.html)

あ と が き

　世界気象機関（WMO）は、2017年は世界各地でハリケーンや洪水、干ばつや熱波・寒波など気象災害が多発し、経済損失は過去最高の約34兆円になったとの試算を公表した。また、世界の平均気温が産業革命前と比べて1.1℃上昇し、2015年から3年連続高温となったと指摘し、2016年には気象災害により2,350万人の避難民が出たとした（2018年3月発表）。異常気象による被害は現在も続いていて、今後の増大が懸念されている。

　地球温暖化は大変深刻である。このような事態の中、多くの知人から「温暖化対策技術をわかり易く解説した本を執筆してほしい」との要望があり、これに応え、そして、環境技術者として温暖化問題解決に向けて少しでもお役に立ちたいとの思いから、本書を執筆した。

　本書は、筆者自身が「持続可能な社会を実現するための地球温暖化対策技術（緩和と適応）はどうあるべきか」を探究し、その結果「生態系の機能（エコシステム）を基調にすることが重要である」との結論を得て、それをもとにまとめたものである。また、出願特許や政策提言などの筆者の温暖化対策関連技術を付録資料として掲載している。できるだけ多くの人に理解して頂けるように、全体を通して絵・図・写真を多くとり入れ、わかり易く解説しようと努めたつもりである。本書が、現在直面する温暖化問題を解決し、持続可能な社会実現の一助ともなれば幸いである。

　なお、本書の執筆にあたり、環境関連の既刊図書やホームページ資料などを参考・引用させていただき、末筆ながらこの場をお借りして、ご関係の皆様に厚くお礼を申し上げたい。

　　──健全で恵み豊かな生態系（もちろん人間を含む）に感謝して──

2018年12月　　下平　利和

> 生態系の機能（エコシステム）に学ぼう！
>
> それを基調に、持続可能な社会を実現しよう！
>
> ―地球生態系との融和を目指して―

■ 著者略歴

下平　利和（しもだいら　としかず）

1951年、長野県岡谷市生まれ。
1978年、環境計量士取得（登録）以来、環境分析・測定・調査・評価・対策、及び水処理、廃棄物処理の業務に従事。現在、NPO環境技術サポートJAPAN代表、自然エネルギー信州ネットSUWA会員。

―持続可能な社会実現のための―
生態系に学ぶ！　地球温暖化対策技術

2019年4月19日　　発　行

著　者　　下平　利和
発行者　　木戸　ひろし
発行所　　ほおずき書籍　株式会社
　　　　　〒381-0012　長野県長野市柳原2133-5
　　　　　TEL　（026）244-0235㈹
　　　　　FAX　（026）244-0210
　　　　　WEB　http://www.hoozuki.co.jp/
発売所　　株式会社　星雲社
　　　　　〒112-0005　東京都文京区水道1-3-30
　　　　　TEL　（03）3868-3275

Ⓒ2019 Shimodaira Toshikazu　Printed in Japan　ISBN978-4-434-25920-3

乱丁・落丁本は発行所までご送付ください。送料小社負担でお取り替えします。
定価はカバーに表示してあります。
本書の、購入者による私的使用以外を目的とする複製・電子複製及び第三者による同行為を固く禁じます。